Kirsten Wüst

Finanzmathematik

Kirsten Wüst

Finanzmathematik

Vom klassischen Sparbuch
zum modernen Zinsderivat

GABLER

Bibliografische Information Der Deutschen Nationalbibliothek
Die Deutsche Nationalbibliothek verzeichnet diese Publikation in der
Deutschen Nationalbibliografie; detaillierte bibliografische Daten sind im Internet über
<http://dnb.d-nb.de> abrufbar.

Dr. Kirsten Wüst ist Professorin für Wirtschaftsmathematik und Statistik an der Hochschule
Pforzheim, Hochschule für Gestaltung, Technik, Wirtschaft und Recht.

1. Auflage September 2006

Alle Rechte vorbehalten
© Betriebswirtschaftlicher Verlag Dr. Th. Gabler | GWV Fachverlage GmbH, Wiesbaden 2006

Lektorat: Katrin Alisch

Der Gabler Verlag ist ein Unternehmen von Springer Science+Business Media.
www.gabler.de

Das Werk einschließlich aller seiner Teile ist urheberrechtlich geschützt. Jede Ver-
wertung außerhalb der engen Grenzen des Urheberrechtsgesetzes ist ohne Zu-
stimmung des Verlags unzulässig und strafbar. Das gilt insbesondere für
Vervielfältigungen, Übersetzungen, Mikroverfilmungen und die Einspeicherung
und Verarbeitung in elektronischen Systemen.

Die Wiedergabe von Gebrauchsnamen, Handelsnamen, Warenbezeichnungen usw. in diesem Werk
berechtigt auch ohne besondere Kennzeichnung nicht zu der Annahme, dass solche Namen im
Sinne der Warenzeichen- und Markenschutz-Gesetzgebung als frei zu betrachten wären und daher
von jedermann benutzt werden dürften.

Umschlaggestaltung: Ulrike Weigel, www.CorporateDesignGroup.de
Druck und buchbinderische Verarbeitung: Wilhelm & Adam, Heusenstamm
Gedruckt auf säurefreiem und chlorfrei gebleichtem Papier
Printed in Germany

ISBN-10 3-8349-0270-5
ISBN-13 978-3-8349-0270-2

Die Finanzmathematik stellt eine der wenigen mathematischen Disziplinen dar, die für jeden im Alltag relevant ist. Fast jeder besitzt heute ein Sparbuch oder ein Tagesgeldkonto, auf dem er seine überschüssigen Geldreserven anlegt. Andererseits benötigen viele Menschen im Laufe des Lebens irgendwann einmal auch fremde Mittel, etwa zur Finanzierung einer Anschaffung oder eines Bauprojekts und nehmen einen Kredit auf. Angesichts der Vielzahl von Möglichkeiten zur Geldanlage und Kreditaufnahme bei den verschiedenen Banken und Institutionen, ist es dabei für den Verbraucher durchaus von Interesse, ein Angebot prüfen und bewerten sowie verschiedene Angebote vergleichen zu können. Ziel einer finanzmathematischen Ausbildung ist es daher, dem Lernenden als potentiellem Bankkunden das Wissen, vor allem aber das methodische Vorgehen zur Bewertung und kritischen Prüfung von Finanzprodukten zu vermitteln.

Das vorliegende Buch folgt einem weitgehend klassischen Aufbau der finanzmathematischen Themen, der um einen genaueren Blick auf die zur Verfügung stehenden Finanzinstrumente ergänzt ist. Zunächst wird in die Produktpalette von Finanzinstituten und die Grundbegriffe der Finanzinstrumente eingeführt. Nach einer Bereitstellung der benötigten mathematischen Grundlagen erfolgt eine Einführung in die Zinsrechnung sowie die Betrachtung des zentralen Konzepts der Barwertberechnung. Anwendungen in der Investitions-, Renten-, Tilgungs- sowie Kurs- und Renditerechnung werden diskutiert. Den Abschluss bildet ein Kapitel über moderne Zinsderivate. Derivative Geschäfte werden zur Absicherung und Spekulation heute von vielen Unternehmen, aber auch bereits von Privatkunden getätigt. Der Leser erhält so einen Überblick über ein sehr modernes und zunehmend bedeutenderes Marktsegment. Wegen der Gesamtausrichtung des Buches auf Zinsinstrumente, wird die Einführung in Derivate am Beispiel von Zinsderivaten vorgenommen.

Die einzelnen Kapitel hängen wie in Abbildung 0-1 dargestellt miteinander zusammen.

Didaktisch folgt das Buch weitgehend einem induktiven Aufbau. Über Beispiele wird zur Theorie übergeleitet. Ein Beispiel ist für viele Lernende leichter nachzuvollziehen als eine theoretische Einführung. Durch den „Aha-Effekt" im Beispiel ist der Leser auf die theoretischen Hintergründe vorbereitet und wird für diese sehr viel aufnahmefähiger. Die angeführten Beispiele können bei einer Verwendung des Buches zum Selbststudium auch als Übungsaufgaben genutzt werden. Es ist daher sinnvoll, zunächst zu versuchen, die Beispiele selbstständig zu lösen. Erst dann sollte die Lösung herangezogen werden. Der Lerneffekt wird dadurch wesentlich erhöht. Ein solches Vorgehen ist immer dann zu empfehlen, wenn das vorgestellte Beispiel in Aufgabentext und Lösung aufgeteilt ist. Zur besseren Trennung vom weiteren Text werden die Beispiele mit einem kleinen Quadrat (□) abgeschlossen.

Jedem Kapitel sind Lernziele vorangestellt. Der Leser erhält so einen ersten Eindruck von dem zu lernenden Stoff und kann sich später selbst hinsichtlich der Zielerreichung kontrollieren. Die Kapitel werden mit Übungen und Partnerinterviews abgeschlossen. Ziel eines Partnerinterviews ist es, mit eigenen Worten das Gelernte noch einmal zu erläutern und so besser zu verinnerlichen. Lernpsychologische Untersuchungen bestätigen, dass hierdurch eine stärkere Auseinandersetzung mit dem Gelernten und dadurch ein besseres Verständnis gefördert wird. Die Vorgehensweise ist beim ersten Partnerinterview erläutert.

Das vorliegende Buch ist aus einer Vorlesung an der Hochschule Pforzheim hervorgegangen. Durch den didaktischen Aufbau ist es aber so konzipiert, dass die Inhalte im Selbststudium erarbeitet werden können. Es eignet sich somit sowohl vorlesungsbegleitend für die Lehre an Universitäten, Fachhochschulen und Berufsakademien, wie auch für die Ausbildung im Finanzsektor und für das Selbststudium interessierter Bankkunden.

Mein Dank gilt dem Gabler-Verlag für die Aufnahme des Titels ins Verlagsprogramm und insbesondere Frau Katrin Alisch für die freundliche Unterstützung.

Ich danke meinen Kollegen, engagierten Studierenden und Freunden für Korrekturen und Anregungen zu Verbesserungen und besonders meinem Mann Volker für seine Unterstützung sowie meiner Tochter Ann-Sophie für ihr Lachen.

Abbildung 0-1: *Inhaltlicher Zusammenhang der einzelnen Kapitel*

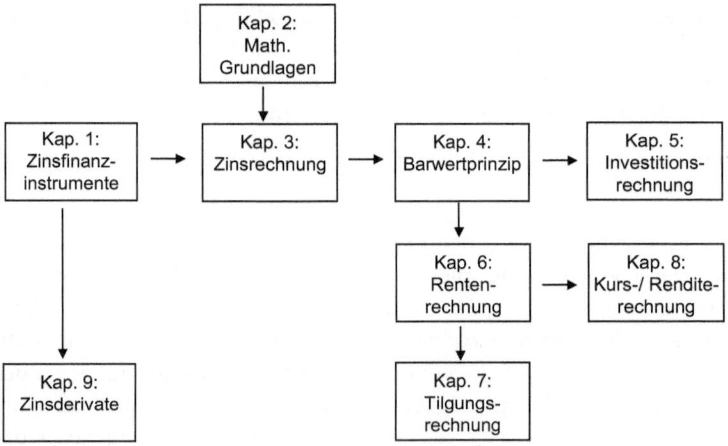

Inhaltsverzeichnis

Abbildungsverzeichnis

Tabellenverzeichnis

1 Zinsfinanzinstrumente

1.1 Lernziele

Dieses Kapitel dient der Vorstellung der wichtigsten Zinsfinanzinstrumente. Ein Verständnis der vorgestellten Produkte ist vor der mathematischen Bewertung unerlässlich. Nach Bearbeitung des Kapitels sollte der Leser in der Lage sein,

- zu verstehen, dass die Klassifikation als Geldanlage oder -aufnahme von der Perspektive abhängt,

- zu erklären, was eine Zinsstruktur ist und die Unterschiede verschiedener Formen von Zinsstrukturkurven zu erläutern,

- zwischen Gutschrift der Zinsen und Ausbezahlung der Zinsen bei verschiedenen Produkten zu unterscheiden,

- Beispiele für festverzinsliche und variabel verzinsliche Produkte zu nennen,

- zu erklären, was ein Referenzzinssatz ist,

- verschiedene Anlageformen nach der vorgestellten Klassifikation einzuteilen,

- unterschiedliche Kreditformen zu beschreiben.

1.2 Klassifikation von Finanzinstrumenten

Aufgrund der starken Wettbewerbssituation bieten die Finanzinstitute ihren Kunden heute eine Vielzahl unterschiedlicher Anlage- und Kreditformen an. Dem Kunden fällt die Entscheidung daher nicht immer leicht. In diesem Kapitel werden zum einen die Kriterien erläutert, nach denen Finanzinstrumente unterschieden werden, sowie verschiedene Finanzprodukte zur Geldanlage und -aufnahme und ihre Charakteristika dargestellt.

Das Mindmap in Abbildung 1-1 gibt eine Übersicht über die Klassifikationskriterien.

Abbildung 1-1:   *Mindmap: Klassifikation von Zinsfinanzinstrumenten*

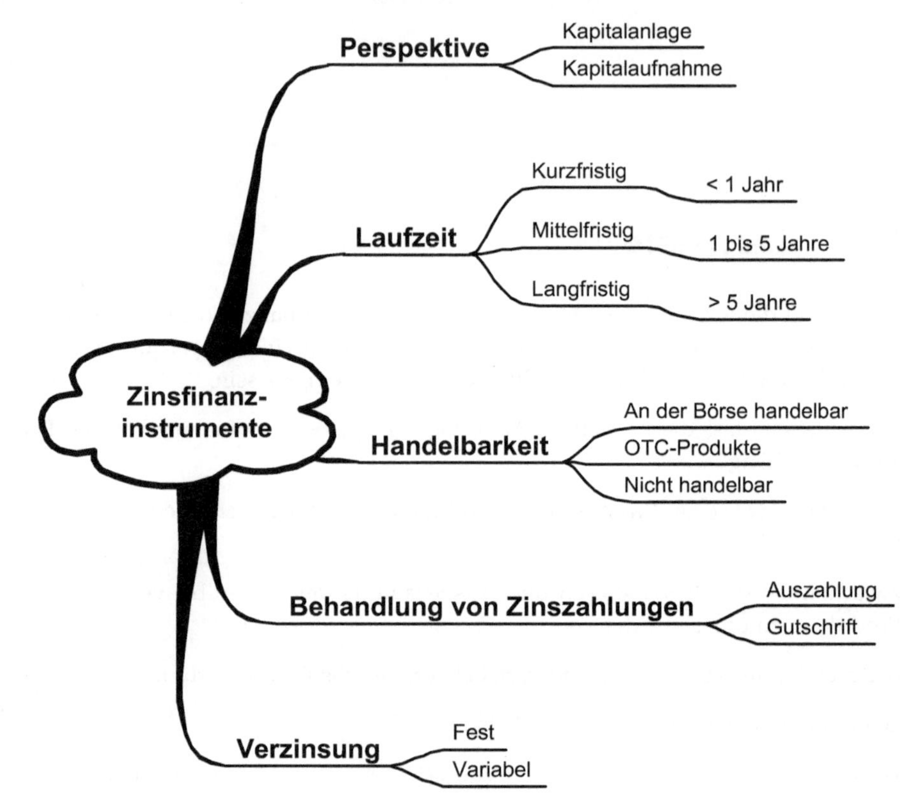

1.2.1   Kapitalanlage oder Kapitalaufnahme

Zinsfinanzinstrumente sind Verträge zwischen zwei Personen. Bei den in diesem Kapitel zu diskutierenden klassischen Zinsfinanzprodukten stellt die eine Person, der Gläubiger, der anderen Person, dem Schuldner, ein Kapital in Form von Geld zur Verfügung.[1] Für die Überlassung des Kapitals für eine bestimmte Zeitdauer fordert der Gläubiger vom Schuldner eine Zinszahlung.

Ein solcher Vertrag eines Zinsfinanzinstruments kann immer aus zwei Perspektiven betrachtet werden. Der Gläubiger legt sein Geld an, der Schuldner nimmt Geld auf.

---

[1]   Bei den derivativen Zinsfinanzprodukten ist der Austausch des Kapitals nicht mehr zwingend nötig (s. Kapitel 9 „Zinsderivate").

Jedes Produkt ist demnach für den einen Partner eine Geldanlage, für den anderen Partner ein Kredit, d.h. eine Geldaufnahme. Legt eine Privatperson ihr Geld zum Beispiel auf einem Sparbuch bei einer Bank an, so bedeutet dieses, dass die Privatperson der Bank Geld überlässt, die Bank also der Schuldner ist und die Privatperson der Gläubiger. Die Bank nimmt bei dem Sparbuchanleger sozusagen einen Kredit auf. Wir wollen in diesem Buch Finanzprodukte aber aus der Sicht des Bankkunden klassifizieren. Für den Leser steht im Vordergrund, dass er sein Geld anlegt, wenn er ein Sparbuch eröffnet; ein Sparbuch bezeichnen wir also als Geldanlage. Dennoch sollte man sich der gleichzeitigen Bedeutung von Geldanlagen und Geldaufnahmen bewusst sein.

Legt ein Kunde bei einem Finanzinstitut Geld an, so bekommt er dafür Zinszahlungen, die durch den **Guthabenzinssatz** bestimmt werden. Nimmt der Kunde Geld auf, so entrichtet er Zinszahlungen. Den zugehörigen Zinssatz nennt man den **Sollzinssatz**. Der Guthabenzinssatz ist dabei in der Regel bei gleicher Laufzeit (s. Abschnitt „Laufzeit") niedriger als der Sollzinssatz. Wir werden dennoch in diesem Buch aus Vereinfachungsgründen meist von gleich hohen Guthaben- und Sollzinssätzen ausgehen.

1.2.2   Laufzeit

Ein wichtiges Kriterium zur Wahl eines Finanzinstruments stellt für den Kunden die **Laufzeit** des Instruments dar. Die Laufzeit gibt die Zeit an, für die das Kapital gebunden ist. Bei einer Anlage entspricht die Laufzeit der Zeit, ab der der Anleger wieder über seine Geldmittel verfügen kann. Bei einer Geldaufnahme erteilt die Laufzeit Auskunft darüber, wann das Kapital zurückgezahlt werden muss. In der Regel bezeichnet man dabei Finanzprodukte mit einer **Laufzeit** bis zu einem Jahr als **kurzfristig**, solche mit Laufzeiten von einem bis zu 5 Jahren als **mittelfristig** und Finanzinstrumente mit einer Laufzeit, die länger als 5 Jahre ist, als **langfristige** Geldanlagen bzw. -aufnahmen.

Üblicherweise wird ein Anleger[2], der sein Geld für einen längeren Zeitraum anlegt, einen höheren Zinssatz für sein Kapital erhalten, als ein Anleger, der sein Geld nur kurzfristig anlegt. Diese Abhängigkeit der Höhe des Zinssatzes von der Laufzeit der Anlage bezeichnet man als **Zinsstruktur**, ihre grafische Veranschaulichung als **Zinsstrukturkurve**. Eine Zinsstrukturkurve, die steigend ist, bei der der Zinssatz also mit der Laufzeit wächst, wird **normale Zinsstrukturkurve** genannt. Ist der Zinssatz für alle möglichen Laufzeiten konstant, spricht man von einer **flachen Zinsstrukturkurve**. Flache Zinsstrukturkurven treten in der Praxis eigentlich nie in Reinform auf. Es kann aber durchaus vorkommen, dass die Zinssätze sich für die verschiedenen Laufzeiten nur wenig unterscheiden. Erhält der Anleger für eine Anlage mit kurzer Laufzeit mehr Zinsen als für eine langfristige Anlage, so liegt eine **inverse Zinsstrukturkurve** vor.

---

2   Der leichteren Sprechweise wegen beziehen wir uns hier auf Anleger. Die Ausführungen gelten analog auch für die Aufnahme von Kapital.

Inverse Zinsstrukturen können z.B. dann auftreten, wenn die Anleger mit fallenden Zinssätzen rechnen und daher langfristige Anlagen tätigen. Durch die hohe Nachfrage nach langfristigen Anlagen sinken so die Zinssätze für lange Laufzeiten, durch die niedrige Nachfrage nach kurzfristigen Anlagen steigen die Zinssätze für kurze Laufzeiten. Die Zinsstrukturkurve „dreht sich also um", sie wird invers. Inverse Zinsstrukturkurven gelten als Indikator für bevorstehende Rezessionen.

Abbildung 1-2:   *Zinsstrukturkurven aus den Renditen deutscher Staatsanleihen mit Laufzeiten von 1 bis 10 Jahren (inverse Zinsstrukturkurve vom 30.12.1991 und normale Zinsstrukturkurve vom 10.4.2006)*

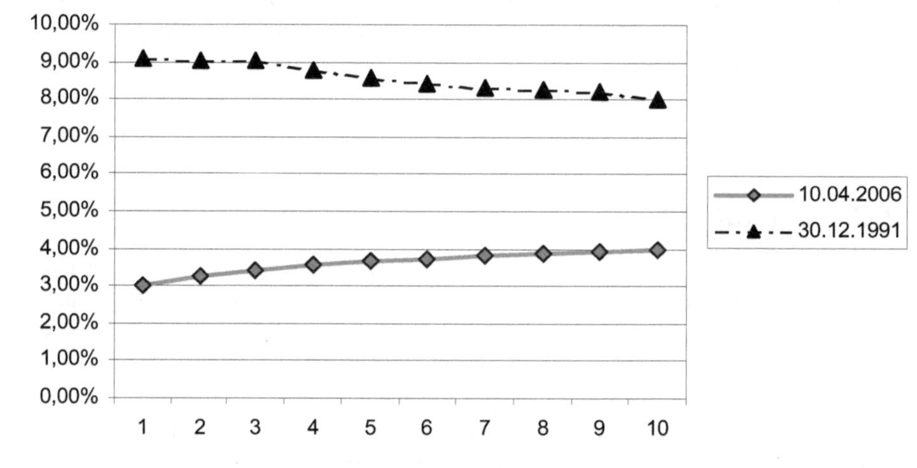

1.2.3   Handelbarkeit

Ein klassisches Unterscheidungsmerkmal von Finanzprodukten ist das ihrer **Handelbarkeit**. Die Handelbarkeit drückt aus, ob ein Produkt an einen anderen Gläubiger veräußert werden kann. Produkte mit einer starken Standardisierung, wie z.B. bestimmte Wertpapiere, etwa Bundesanleihen, sind dabei an der Börse handelbar.

Weniger standardisierte Produkte, wie z.B. Wertpapiere von kleineren Unternehmen oder Wertpapiere mit besonderen Auszahlungsmodalitäten, werden nur individuell zwischen den Vertragspartnern gehandelt. Man nennt diese auch OTC-Produkte (Over-the-counter-Produkte). „Over-the-counter" drückt aus, dass der Vertrag vom

Verkäufer zum Käufer wie in einem Tante-Emma-Laden „hinübergegeben wird". Durch eine individuelle Vertragsgestaltung kann so den speziellen Bedürfnissen der Kontrahenten entsprochen werden (s. auch Kapitel 9 „Zinsderivate"). Dabei werden inzwischen im OTC-Handel sehr hohe Umsätze getätigt. Das Volumen des Handels mit OTC-Produkten betrug z.B. im Jahre 2004 mehr als das Vierfache des Volumens im Börsenhandel. [3]

Tagesgeldkonten oder Sparbücher sind Beispiele für Produkte, die nicht handelbar sind.

1.2.4 Behandlung von Zinszahlungen

Die Zeitpunkte, an denen die Zinsen eines Zinsfinanzinstruments gezahlt werden, heißen **Zinszahlungstermine** oder **Zinstermine**, der Zeitraum zwischen zwei Zinszahlungsterminen ist die **Zinsperiode**. Die Zinsen werden also am Zinszahlungstermin für eine Zinsperiode entrichtet. In diesem Buch werden wir nur **nachschüssige** Zinsen betrachten, d.h. Zinsen, die am Ende der Zinsperiode gezahlt werden. Dieses ist die im Finanzsektor gängige Vorgehensweise.

Für die finanzmathematische Betrachtungsweise ist es interessant, nach der **Zinszahlungsweise** zu unterscheiden.

1.2.4.1 Gutschrift von Zinszahlungen

Bei Anlageformen wie dem Sparbuch oder dem Tagesgeldkonto werden die Zinsen dem Kontostand auf dem Sparbuch bzw. dem Tagesgeldkonto am Zinszahlungstermin gutgeschrieben. Man bezeichnet dieses auch als Zinsansammlung. Bei einer Gutschrift der Zinsen auf dem Konto erhöht sich das Guthaben für die nächste Periode. In den darauf folgenden Perioden wird nicht nur der zu Beginn eingezahlte Betrag, sondern es werden auch die in vorherigen Perioden entstandenen Zinsen weiter verzinst. Das Kapital wächst exponentiell (s. Kapitel 3 „Zinsrechnung").

Beispiel 1.1: Sie legen 1.000 € zu einem Jahreszinssatz von 10%[4] an. Nach dem ersten Jahr erhalten Sie 100 € Zinsen, die Ihrem Konto gutgeschrieben werden. Am Ende des zweiten Jahres werden bereits diese 1.100 € verzinst, Sie erhalten 110 € Zinsen. Abbildung 1-3 veranschaulicht die Entwicklung Ihres Kontostandes.

---

3   S. *Hull*, 2006, S.25.

4   Der hohe Jahreszinssatz von 10% dient hier der besseren grafischen Veranschaulichung. Aktuell (Mai 2006) liegen die Guthabenzinssätze eher im Bereich von 2% bis 4% pro Jahr.

Abbildung 1-3:   *Entwicklung des Kontostandes bei einmaliger Einzahlung von 1.000 € und einem Jahreszinssatz von 10% bei Gutschrift der Zinsen*

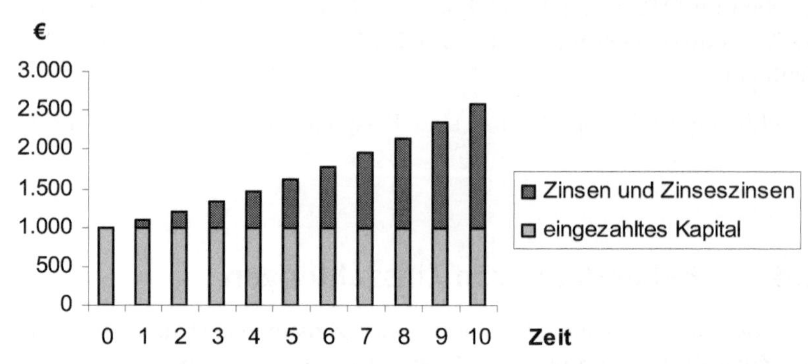

□

1.2.4.2   Auszahlung von Zinsen

Neben der Gutschrift der Zinsen auf demselben Finanzinstrument können die Zinsen auch nach jeder Periode an den Anleger ausbezahlt werden oder einem getrennten Konto, etwa einem Girokonto, gutgeschrieben werden. Der Anleger kann die ausgezahlten Zinsen dann konsumieren oder erneut anlegen. Der vom Schuldner gestundete Betrag behält konstant die Höhe des zunächst ausgeliehenen Betrages. Am Ende der Laufzeit bekommt der Anleger so nur den angelegten Betrag und die Zinsen für die letzte Periode ausbezahlt.

Beispiel 1.2: Sie kaufen ein Wertpapier mit einem Nominalbetrag von 1.000 €, einer Laufzeit von 10 Jahren und einem konstanten Jahreszinssatz von 10%, zahlbar am Ende eines Jahres. Jedes Jahr werden Ihnen 100 € ausbezahlt. Am Ende der Laufzeit erhalten Sie Ihren eingezahlten Betrag von 1.000 € zurück sowie die Zinsen von 100 € für das letzte Jahr.

Abbildung 1-4 verdeutlicht die konstante Höhe des angelegten Kapitals sowie die ausgezahlten Zinsen, deren Höhe stets gleich bleibt.

Abbildung 1-4:　*Entwicklung des in einem Wertpapier angelegten Kapitals bei Einzahlung von 1.000 € und einem Jahreszinssatz von 10% bei Auszahlung der Zinsen*

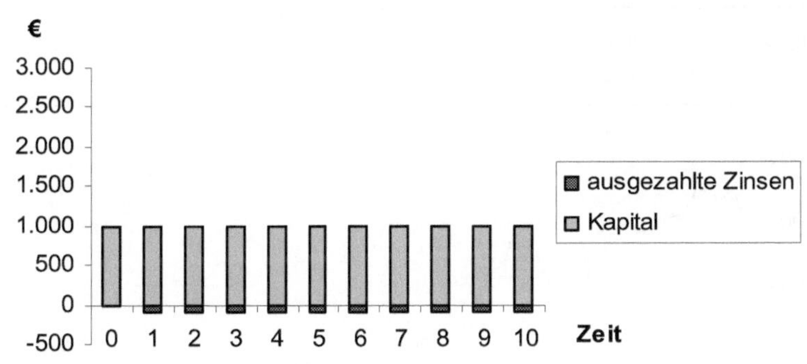

□

1.2.5　Art der Verzinsung

In Bezug auf die Verzinsung lässt sich auch danach unterscheiden, ob der Zinssatz **fest** oder **variabel** ist.

Zinssätze ändern sich im Zeitverlauf. Abbildung 1-5 gibt den Verlauf des 10-Jahres-Satzes für deutsche Staatsanleihen für die Zeit von Januar 1990 bis März 2006[5] an.

Bei vielen Finanzprodukten wird jedoch ein fester Zinssatz vereinbart. In diesem Fall hat der Schuldner an den Zinszahlungsterminen den fixierten Zinssatz zu zahlen, unabhängig davon, wie sich die Zinssätze am Markt in der Zwischenzeit entwickelt haben.

Beispiel 1.3: Sie kaufen ein Wertpapier mit einem Nominalbetrag von 10.000 €, einer Laufzeit von 5 Jahren und einem nachschüssigen Jahreszinssatz von 5%. Sie bekommen also jeweils am Ende eines Jahres 500 € Zinsen ausbezahlt. Sinkt jetzt durch Zinsschwankungen das Marktniveau für vergleichbare Wertpapiere mit gleicher Restlaufzeit z.B. auf 4% pro Jahr, so profitieren Sie von der Vereinbarung eines festen Zinssatzes. Sie erhalten weiterhin 500 € aus Ihrem Wertpapier, während Sie bei einer vergleichbaren Anlage zum aktuellen Zinsniveau nur 400 € erhalten würden. Erhöht sich allerdings das allgemeine Zinsniveau auf 6% pro Jahr, so erweist sich Ihr fester

---

5　Die Daten stammen von Eurostat http://epp.eurostat.cec.eu.int. Monatlich ausgewiesene Zinssätze wurden interpoliert, d.h. linear verbunden.

Zinssatz als nachteilig. Sie bekommen weiterhin nur 500 €, hätten aber bei einer Anlage zum aktuellen Zinssatz 600 € erhalten können. [6] □

Abbildung 1-5: *Renditeentwicklung zehnjähriger deutscher Staatsanleihen (Januar 1990 bis März 2006)*

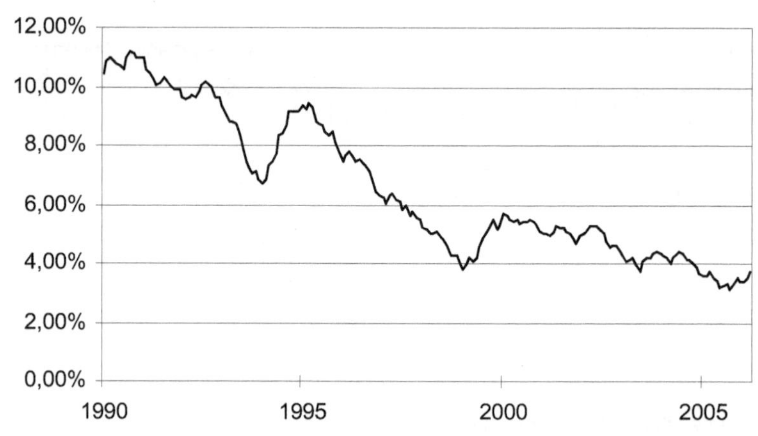

Wird bei einem Finanzprodukt hingegen ein variabler Zinssatz vereinbart, so orientiert sich dieser an einem so genannten **Referenzzinssatz** und variiert im Zeitablauf. Ein besonders häufig verwendeter Referenzzinssatz ist der **Euribor**. Euribor steht für **Eu**ropean **I**nterbank **O**ffered **R**ate. Der Name reflektiert die Berechnung des Zinssatzes. Der Euribor ist der Zinssatz, zu dem sich Banken untereinander Geld anbieten. Er wird täglich über einen Durchschnitt aus den Zinssätzen von ca. 60 Banken im Eurofinanzraum gebildet, den diese Banken fordern, wenn sie anderen Banken ähnlicher Güte Geld ausleihen. Euribor-Sätze existieren für die Laufzeit von einer Woche sowie für alle monatlichen Laufzeiten von einem Monat bis zu einem Jahr. Die am häufigsten verwendeten Referenzzinssätze sind aber diejenigen mit einer Laufzeit von 3, 6 oder 12 Monaten. Weitere wichtige Referenzzinssätze sind der **Libor** (**L**ondon **I**nterbank **O**ffered **R**ate) und der **EONIA** (**E**uro **O**vernight **I**ndex **A**verage). Der EONIA ist ein durchschnittlicher Zinssatz, der für eine eintägige Geldaufnahme im Interbankengeschäft berechnet wird. Die täglich neu ermittelten (man spricht von „quotierten") Zinssätze werden auch im Internet[7] auf verschiedenen Seiten veröffentlicht, so dass sie von jedem eingesehen werden können.

---

[6] Durch die Änderung des Zinsniveaus variieren bei festverzinslichen Wertpapieren auch die Kurse der Papiere (s. Kapitel 8 „Kurs- und Renditerechnung").

[7] Z.B. http://www.euribor.org.

Die Zinszahlung erfolgt, wie bei festverzinslichen Wertpapieren auch, meist nachschüssig am Ende einer Zinsperiode. Es wird allerdings der Zinssatz verwendet, der zu Beginn der Zinsperiode aktuell war. Man spricht von einer **Zinsfestsetzung** oder von der Fixierung des Zinssatzes. Der Referenzzinssatz wird standardmäßig 2 Bankarbeitstage vor Beginn der Zinsperiode fixiert.[8]

Beispiel 1.4: Stellen Sie sich vor, es wäre der 15.8.1999 und Sie entscheiden sich dafür, ein variabel verzinsliches Wertpapier mit einem Nominalbetrag von 10.000 € und dem 12-Monats-Euribor als Zinssatz zu kaufen. Das Papier hat eine fünfjährige Laufzeit, die am 1.9.1999 beginnt. Zwei Bankarbeitstage vor der ersten Zinsperiode vom 1.9.1999 bis zum 31.8.2000, d.h. am 30.8.1999 wird der 12-Monats-Euribor für die erste Periode fixiert. Dieser entsprach am 30.8.1999 3,255%. Am Ende der Zinsperiode, d.h. am 31.8.2000 wird Ihnen dieser Zinssatz ausbezahlt, d.h. bei einem Nominalbetrag von 10.000 € bekommen Sie 325,50 € Zinsen[9]. Der am 30.8.2000 gültige 12-Monats-Euribor von 5,324% wird dann der Zinssatz für die zweite Zinsperiode vom 1.9.2000 bis zum 31.8.2001, usw. Tabelle 1-1 zeigt die während der Laufzeit gezahlten Zinssätze. Diese Zinssätze sind natürlich zum Zeitpunkt der Anlage noch nicht bekannt gewesen. Sie ergeben sich während der Laufzeit.

Tabelle 1-1: *Zinsfestsetzungstermin, Beginn der Zinsperiode, Zinszahlungstermin[10] und relevanter Zinssatz (Beispiel 1.4)*

Zinsfestsetzungstermin	Beginn der Zinsperiode	Zinszahlungstermin	Relevanter Zinssatz
30.8.99	1.9.99	31.8.00	3,255%
30.8.00	1.9.00	31.8.01	5,324%
30.8.01	1.9.01	30.8.02	4,043%
29.8.02	1.9.02	29.8.03	3,414%
28.8.03	1.9.03	31.8.04	2,337%

□

---

[8] Die Erläuterungen zum Zeitpunkt der Festsetzung des Zinssatzes dienen in diesem Kapitel dem Verständnis für das Vorgehen in der Praxis. In späteren Kapiteln werden wir der Einfachheit halber den Zinsfestsetzungstermin mit dem Beginn der Zinsperiode übereinstimmen lassen sowie die Möglichkeit, dass ein Zinszahlungs- oder Zinsfestsetzungstermin auf einen Sonn- oder Feiertag fällt, außer acht lassen (s. Kapitel 9 „Zinsderivate").

[9] Der Zinsbetrag wurde aus Einfachheitsgründen mit der 30/360-Methode berechnet (s. Kapitel 3 „Zinsrechnung").

[10] Der Zinszahlungstermin variiert abhängig davon, ob das Ende der Zinsperiode auf einen Bankarbeitstag fällt oder nicht. Fällt das Ende der Zinsperiode auf ein Wochenende oder einen Feiertag, werden die Zinsen am vorhergehenden Bankarbeitstag vergütet.

Häufig wird der vereinbarte Referenzzinssatz noch mit einem **Spread**, d.h. einem Auf- oder Abschlag des Zinssatzes, versehen. Dieser wird in Basispunkten (bp) angegeben. Ein Basispunkt entspricht dabei 0,01 Prozentpunkten, d.h. 1 bp = 0,01%. Durch den Spread kann der Zinssatz an die Kreditwürdigkeit des Schuldners angepasst werden.

Beispiel 1.5: Sie bevorzugen sichere Geldanlagen und möchten bei einer Bank sehr guter Kreditwürdigkeit eine variabel verzinsliche Anlage tätigen. Die Bank zahlt Ihnen den 12-Monats-Euribor abzüglich 20 Basispunkten. Ihr Freund kauft hingegen eine Anleihe eines mittelgroßen Industrieunternehmens, die als Zinssatz den 12-Monats-Euribor zuzüglich 30 Basispunkte erbringt. Beide Anlagen haben eine Laufzeit vom 1.9.1999 bis zum 31.8.2001. Welche Zinssätze ergeben sich bei den beiden Anlagen?

Lösung: Der historische 12-Monats-Euribor ist Tabelle 1-1 zu entnehmen. Ihr Zinssatz errechnet sich daraus jeweils durch Abzug von 0,2 Prozentpunkten, der Ihres Freundes durch Addition von 0,3 Prozentpunkten. Tabelle 1-2 stellt die resultierenden Zinssätze dar.

Tabelle 1-2:   *Zinssätze bei unterschiedlichen Spreads (Beispiel 1.5)*

Zinszahlungstermin	12-Monats-Euribor	Ihr Zinssatz	Zinssatz Ihres Freundes
31.8.00	3,255%	3,055%	3,555%
31.8.01	5,324%	5,124%	5,624%

□

1.3   Finanzinstrumente zur Geldanlage

Die wichtigsten Finanzinstrumente zur Geldanlage sollen nun entsprechend der vorgestellten Klassifikationskriterien eingeordnet werden. Weitere Merkmale der Anlagen werden kurz vorgestellt.

1.3.1   Kontoanlagen

Kontoanlagen ist gemeinsam, dass sie nicht handelbar sind.

1.3.1.1 Girokonto

Ein **Girokonto** besitzt heute fast jeder. Es ist insbesondere für die Abwicklung wiederkehrender Zahlungen wie Gehalts- oder Mietzahlungen unersetzlich. Das Girokonto bietet dem Inhaber den Vorteil, dass er jederzeit über sein Kontoguthaben verfügen kann. Der Anleger ist so bei kurzfristigem Geldbedarf liquide. Alle Transaktionen des Zahlungsverkehrs können bei den meisten Banken auch über das Internet im Online-Banking abgewickelt werden.

Das Girokonto hat allerdings den Nachteil, dass keine oder nur sehr geringe Guthabenzinsen gezahlt werden. Die eventuellen Guthabenzinsen sind nicht an einem Referenzzinssatz orientiert, sondern werden nach marketingtechnischen Aspekten festgelegt. Anfallende Zinszahlungen werden dem Konto meist quartalsweise, d.h. vierteljährlich gutgeschrieben.

1.3.1.2 Sparbuch

Auch in der heutigen Zeit haben die meisten Menschen noch ein **klassisches Sparbuch**. Die Zinszahlungen werden auch hier nicht ausgezahlt, sondern dem Sparbuch gutgeschrieben. Die Gutschrift der Zinsen erfolgt beim Sparbuch einmal jährlich am Ende des Jahres. Der Zinssatz ist nicht fest, sondern kann in unregelmäßigen Abständen von der Bank angepasst werden. Er ist allerdings relativ starr und nicht direkt an die Entwicklung des Zinsniveaus gebunden. Beim Sparbuch gilt ein Höchstbetrag von 2.000 €, der im Monat ohne Zinsverlust abgehoben werden kann, welches den flexiblen Gebrauch einschränkt. Für die Verfügung über die gesamten Ersparnisse besitzt das Sparbuch eine dreimonatige Kündigungsfrist. Zudem muss ein Sparbuch beim Abheben der gewünschten Geldbeträge der Bank vorgelegt werden. In Zeiten des Internet-Banking ist dieses ein Nachteil.

Neben dem klassischen Sparbuch existieren eine Vielzahl von Sparverträgen unter verschiedenen Namen, wie z.B. das Bonussparen oder Sparpläne mit ansteigendem Zinssatz. Diese Sparformen bieten in der Regel eine höhere Verzinsung als das klassische Sparbuch. Oft ist die Verfügbarkeit über die Sparbeträge aber eingeschränkt, z.B. durch eine nur einmalige Kündbarkeit während der Laufzeit oder sogar eine feste Anlage der Beträge bis zum Ende der Laufzeit.

1.3.1.3 Tagesgeldkonto

Die modernere Form des Sparbuchs ist das **Tagesgeldkonto**. Über das Tagesgeldkonto kann täglich, soweit es das Guthaben erlaubt, in beliebigem Umfang verfügt werden. Kontoüberträge auf und von einem Referenzkonto können beim Tagesgeldkonto per Online-Banking ausgeführt werden. Transaktionen des Zahlungsverkehrs, wie z.B. Überweisungen, Daueraufträge und Lastschrifteinzüge können aber nur selten durchgeführt werden.

Auch beim Tagesgeldkonto erfolgt eine Gutschrift der Zinsen nach jeder Zinsperiode. Die Guthabenzinsen sind variabel, sie sind aber ebenfalls nicht direkt an die Entwicklung eines Referenzzinssatzes gebunden. Die Guthabenzinsen werden je nach Bank monatlich, quartalsweise oder wie beim Sparbuch jährlich gutgeschrieben. Die auf Tagesgeldkonten erzielbaren Zinssätze sind zur Zeit deutlich höher als die durchschnittlich auf einem Sparbuch erzielbaren Zinssätze.

1.3.1.4   Festgelder

Sparbuch und Tagesgeldkonto haben den Vorteil, dass das Geld bei Bedarf jederzeit zur Verfügung steht. Der Preis für die Verfügbarkeit liegt in relativ niedrigen Zinsen. Die Zinsen sind zudem variabel. Sie können in Niedrigzinsphasen von der Bank heruntergesetzt werden. Möglichkeiten zur Fixierung eines festen Zinssatzes bei einer Bankanlage bieten Festgelder.

Beim Festgeld wird ein bestimmter Betrag auf einem Konto für eine Laufzeit von 1, 2, 3, 6, 9 oder 12 Monaten[11] fest angelegt. Innerhalb der vereinbarten Laufzeit kann der Anleger über sein Geld nicht verfügen. Dafür hat er einen Zinssatz fixiert, der ihm sicher ist. Auch wenn das Zinsniveau fällt, steht dem Anleger der vereinbarte Zinssatz zu. Meist existiert ein Mindestbetrag für die Anlage eines Festgeldes, von z.B. 5.000 €. Die Höhe des zu erzielenden Guthabenzinssatzes ist dabei auch von dem angelegten Betrag abhängig. Aktuell (Mai 2006) erbringen Festgeldanlagen jedoch keine oder kaum höhere Renditen als die täglich verfügbaren Tagesgeldkonten.

1.3.1.5   Sparbriefe

Sparbriefe sind Wertpapiere, die Forderungen gegenüber der ausstellenden Bank verbriefen. Sparbriefe haben dabei Laufzeiten von 2 bis 10 Jahren. Der Zinssatz wird für die gesamte Laufzeit fixiert und ist höher als der Zinssatz des klassischen Sparbuchs. Beim Vergleich von Tagesgeldzinssatz und Sparbriefsätzen ein und derselben Bank sind die Zinssätze für Sparbriefe in der Regel ebenfalls höher.

Für die Verzinsung besteht die Möglichkeit, die Zinsen entweder ausgezahlt zu bekommen oder einen „abgezinsten" Sparbrief zu erwerben, bei dem nur die Anlage des Nennwertes abzüglich der während der Laufzeit anfallenden Zinsen erfolgt. Am Ende der Laufzeit wird der gesamte Nennwert zurückgezahlt. Sparbriefe sind nicht handelbar.

---

[11] Bei einer länger gewünschten Anlage von Geldbeträgen bei einer Bank kann der Kunde sich für Sparbriefe (s.u.) entscheiden.

1.3.2 Wertpapiere

Wertpapiere sind verbriefte Rechte, d.h. über die erworbenen Rechte, etwa auf den Empfang bestimmter Zahlungen, wird eine Urkunde ausgestellt. Für die Ausübung des Rechts ist der Besitz der Urkunde erforderlich.

Wertpapiere kann man zunächst nach der Art des verbrieften Rechts klassifizieren.[12] So gibt es verbriefte Mitgliedschaftsrechte, wie z.B. bei Aktien, Rechte an Sachen, z.B. bei Hypotheken- oder Grundschuldbriefen und forderungsrechtliche Wertpapiere.

Besteht das verbriefte Recht aus dem Recht auf Rückerstattung eines ausgeliehenen Betrags und die Zahlung von Zinsen, so spricht man von **Anleihen, Schuldverschreibungen** oder **Obligationen**.

Der Begriff „Anleihe" resultiert aus der Sicht desjenigen, der die Anleihe auf den Markt bringt, d.h. aus der Sicht des Schuldners oder Kreditnehmers. Aus seiner Sicht leiht er sich über die Anleihe Geld, das er dann am Ende der Laufzeit zurückzahlen muss. Man spricht davon, dass er eine Anleihe „begibt", bzw. „emittiert", d.h. von der Emission einer Anleihe. Derjenige, der die Anleihe begibt, heißt der Emittent. Während der Laufzeit der Anleihe muss er den Käufern der Anleiheanteile Zinsen bezahlen, am Ende der Laufzeit zahlt er dem Käufer den Nominalbetrag der Anleihe zurück. Eine Anleihe ist damit aus Sicht des Emittenten ein **verbriefter Kredit**.

Am Kapitalmarkt handelbare (**fungible**) Wertpapiere, die vertretbar, d.h. gegeneinander austauschbar und gleichwertig zu beschaffen sind, heißen auch **Effekte**.

Bezüglich der Laufzeit hat der Anleger die freie Auswahl. Es können kurz-, mittel- und langfristige Wertpapiere gekauft werden. Da die Wertpapiere von den Emittenten je nach Kapitalbedarf zu den unterschiedlichsten Zeitpunkten begeben werden, fungible Wertpapiere durch ihre Handelbarkeit aber auch vor dem Ende der Laufzeit verkauft werden können, existieren zum Zeitpunkt einer Anlageentscheidung im Prinzip Wertpapiere mit beliebigen Restlaufzeiten.

Viele Wertpapiere tragen einen festen Zinssatz, der sich nach der Laufzeit und dem Schuldner (s.u.) richtet. Den für das Wertpapier festgelegten Zinssatz bezeichnet man auch als **Nominalzinssatz** oder **Kuponzinssatz**, die entsprechenden Zinszahlungen als **Kuponzinsen**.

Auf der anderen Seite stehen die **Floating Rate Notes** (auch: **Floater**), deren Zinssätze variabel sind und sich an einen Referenzzinssatz anlehnen. Durch die Orientierung an einem Referenzzinssatz partizipiert der Anleger an einem steigenden Zinsniveau, nimmt aber auch niedrigere Zinsen bei einem fallenden Zinsniveau in Kauf. Floater existieren allerdings heute in den verschiedensten Ausstattungen. So kann z.B. beim Cap-Floater ein Höchstzinssatz oder beim Floor-Floater ein Mindestzinssatz vereinbart werden (s. Kapitel 9 „Zinsderivate").

---

[12] Zur Klassifikation von Wertpapieren s. *Bestmann*, 1997, S. 682 ff.

Die Zinszahlungen erfolgen bei Wertpapieren meist auf ein getrenntes Konto. Die Thesaurierung von Zinserträgen, d.h. die Wiederanlage der Zinserträge in demselben Wertpapier ist nur bei speziellen Wertpapieren, wie z.B. dem Bundesschatzbrief Typ B, bei dem der angelegte Betrag mit Zinsen und Zinseszinsen am Ende der Laufzeit zurückgezahlt wird, üblich. Einen Spezialfall stellen die **Nullkuponanleihen**[13] dar, deren Kuponzinssatz 0 Prozent beträgt. Der Zinsertrag steckt hier in der Differenz aus Rückzahlungskurs und davon verschiedenem Emissionskurs. Nullkuponanleihen kann man daher ebenfalls als Anlagen bezeichnen, bei denen die Zinszahlung, zumindest gedanklich, auf demselben Wertpapier erfolgt. Die Zinsen verzinsen sich so während der Laufzeit weiter.

Wertpapiere lassen sich zusätzlich auch nach dem Schuldner klassifizieren. Papiere der öffentlichen Hand, d.h. z.B. Staats- und Kommunalanleihen gelten dabei in Deutschland als sicher und erbringen daher relativ geringe Zinsen. Bei Bankschuldverschreibungen, Unternehmensanleihen und Staatsanleihen anderer Staaten richtet sich der Zinssatz nach der Kreditwürdigkeit des Schuldners. So tragen z.B. risikoreichere Unternehmensanleihen oder auch Staatsanleihen risikoträchtigerer Staaten einen höheren Nominalzinssatz. Darin spiegelt sich die Unsicherheit wieder, dass das Unternehmen oder der Staat, von dem die Anleihe erworben wurde, zahlungsunfähig werden könnte und die Besitzer der Anleihe ihr eingezahltes Kapital nicht zurück erhalten. Die Emittenten von Wertpapieren werden dabei von so genannten Ratingagenturen bewertet. Ein besseres **Rating** bedeutet eine geringere Wahrscheinlichkeit für eine Zahlungsunfähigkeit des Schuldners. Je schlechter das Rating ist, desto höher wird die Wahrscheinlichkeit einer Zahlungsunfähigkeit bewertet und desto höher sind demnach auch die Zinsen, die für Anleihen dieser Schuldner gezahlt werden. Die höheren Zinsen vergüten die erhöhte Risikobereitschaft des Anlegers.

1.4   Finanzinstrumente zur Geldaufnahme

Die Aufnahme von Geldmitteln für eine bestimmte Zeit bezeichnet man als **Kredit**, wobei das Kreditgeschäft in rechtlicher Hinsicht auf den Bestimmungen des Bürgerlichen Gesetzbuches über das Darlehen (§§ 607 - 609 BGB) beruht.

Einige Klassifikationskriterien von Finanzinstrumenten seien speziell für Kredite noch einmal dargestellt.

---

[13] S. auch Kapitel 8 „Kurs- und Renditerechnung".

1.4.1 Laufzeit und Verzinsung

Die Einteilung nach der Laufzeit in kurz-, mittel- und langfristige Kredite gilt wie oben aufgeführt weiter.

Die Verzinsung kann mit einem festen Zinssatz für die gesamte Laufzeit erfolgen. Besondere Beachtung finden dabei die langfristigen Kredite. Früher waren bei Realkrediten, d.h. durch Grundpfandrechte gesicherten Krediten, Laufzeiten von 30 Jahren durchaus üblich. Heute sind Zinsbindungen über 15 Jahren eher die Ausnahme, häufige Zinsbindungsfristen liegen bei 5, 8, 10 und 15 Jahren. In vielen Fällen ist die Tilgung daher aber nach der Zinsbindungsfrist noch nicht abgeschlossen. Nach Ablauf der Zinsbindung verbleibt dann eine Restschuld. Diese kann in einem Betrag zurückgezahlt werden. In der Regel wird der Kredit aber verlängert und der Zinssatz entsprechend dem dann geltenden Zinsniveau angepasst. Eine kurze Zinsbindung beinhaltet also ein gewisses Zinsrisiko auf den nach der Zinsbindungsphase ausstehenden Restbetrag. Oft werden daher in Niedrigzinsphasen, in denen für die kommende Zeit eine Zinserhöhung erwartet wird, lange Zinsbindungen, z.B. von 15 Jahren, bevorzugt. In Hochzinsphasen kann der Schuldner auf eine allgemeine Zinssenkung hoffen und zunächst den Zinssatz nur für eine kurze Laufzeit von z.B. 5 Jahren fixieren.

Neben der Zinsanpassung, die eine gewisse Variabilität des Zinssatzes über die gesamte Laufzeit darstellt, existieren auch variabel verzinsliche Kredite. Die Verzinsung passt sich hier an einen Referenzzinssatz, z.B. den Euribor, an. Die Bank berechnet für die Bereitstellung des Kredits in der Regel einen Aufschlag.

Beispiel 1.6: Es wird ein variabel verzinslicher Kredit über 5 Jahre vergeben, für den als Zinssatz jährlich der 12-Monats-Euribor + 1% berechnet wird. Zinsfestsetzungstermine sind jeweils am 1.10. eines Jahres. Liegt der 12-Monats-Euribor am 1.10.2009 z.B. bei 2,8%, so beträgt der Kreditzinssatz für die Periode vom 1.10.2009 bis zum 30.9.2010 3,8%. Am 1.10.2010 erfolgt dann eine erneute Zinsanpassung. □

1.4.2 Kreditnehmer

So wie bei den Anlageprodukten kann man auch bei Krediten nach dem Schuldner, d.h. dem Kreditnehmer, klassifizieren. Es macht einen Unterschied, ob ein Kredit einer Privatperson, einem Unternehmen, einer Bank oder einer Körperschaft des öffentlichen Rechtes gewährt wird. Diese Unterscheidung betrifft insbesondere die Kreditwürdigkeit des Kreditnehmers. Bundesländer und Kommunen als Körperschaften des öffentlichen Rechtes gelten z.B. als kreditwürdiger, da sie mit ihren Steuereinnahmen haften. Die Einteilung in Risikogruppen von Unternehmen, Banken und Privatpersonen resultiert in speziellen Kreditkonditionen, wie z.B. Zinsaufschlägen für risikoreiche Kreditengagements. Auch das Volumen, d.h. die Höhe des gewährten Kredits, variiert zwischen den Kreditnehmern. Privatpersonen wird so in der Regel ein geringeres Kreditvolumen gewährt als Unternehmen, Banken oder Körperschaften des öffentlichen Rechtes.

1.4.3   Tilgung

Das zur Verfügung gestellte Kreditvolumen kann auf unterschiedliche Art und Weise zurückgezahlt werden.

Wird der Kreditbetrag in einer Summe am Ende der Laufzeit zurückgezahlt, so spricht man von einer **endfälligen Tilgung**. Üblicherweise werden hier die pro Periode anfallenden Zinsen aber zeitgleich gezahlt. Werden hingegen während der Laufzeit weder Tilgungen vorgenommen noch Zinszahlungen erbracht, so werden die Zinsen dem Kreditkonto belastet und die Tilgung erfolgt **endfällig mitsamt den aufgelaufenen Zinsen**. Demgegenüber kann bei einem **Ratenkredit** zusätzlich zu den Zinszahlungen auch eine konstante Tilgung pro Periode vereinbart werden oder bei einer **Annuitätentilgung** die monatliche Belastung als Summe von Tilgungs- und Zinszahlung konstant gewählt werden (s. Kapitel 7 „Tilgung").

Daneben können auch individuelle vertragliche Vereinbarungen zwischen Gläubiger und Schuldner getroffen werden, die dem Schuldner eine gewisse Flexibilität bei der Tilgung des Kredits erlauben. Eine häufig gewählte Form sind die so genannten **Sondertilgungen**, bei denen der Schuldner z.B. pro Jahr 5 oder 10% der Kreditsumme in einem oder mehreren Beträgen zusätzlich zu den regulär anfallenden Rückzahlungen tilgen kann. Der Schuldner kann so unregelmäßige oder unvorhergesehene Einnahmen zur Rückzahlung seines Kredits verwenden.

1.4.4   Sicherheiten

Eine zusätzliche Einteilung kann bei Krediten nach der Besicherung des Kredits vorgenommen werden. Es lassen sich Personal- und Realsicherheiten unterscheiden. [14]

1.4.4.1   Personalsicherheiten

Bei den Personalsicherheiten entsteht die Sicherheit für den Kreditgeber dadurch, dass neben dem Kreditnehmer noch eine dritte Person für den Kredit haftet. Hierunter zählen z.B. die Bürgschaft und die Garantie.

---

[14]   Zu der Einteilung nach Sicherheiten s. auch *Olfert/Reichel*, 2005, S. 82 ff.. Die Einteilung nach Sicherheiten wird hier nur kurz angeschnitten, da sie für die finanzmathematische Behandlung von Finanzinstrumenten nicht relevant ist.

1.4.4.2 Realsicherheiten

Realsicherheiten sind Sachwerte oder Rechte, die dem Kreditgeber zur Sicherung des Kredits bereit gestellt werden.

Zu den Realsicherheiten gehören Grundpfandrechte, wie die Hypothek und die Grundschuld sowie Rechte an beweglichem Vermögen wie Pfandrechte, Forderungsabtretungen, Sicherungsübereignungen und der Eigentumsvorbehalt.

1.4.5 Kreditprodukte

Kredite werden häufig sehr individuell ausgestaltet und an die Bedürfnisse der Vertragspartner angepasst. Dennoch seien im Folgenden einige häufig auftretende Kreditformen kurz erläutert.

1.4.5.1 Dispositionskredit

Der Dispositionskredit ist ein kurzfristiger Kredit an Privatpersonen, bei dem eine Kreditlinie eingeräumt wird. Der Kreditnehmer kann den Kredit bis zu der Kreditlinie variabel in Anspruch nehmen. Die Tilgung erfolgt individuell, meist durch eingehende Gehaltszahlungen. Eine besondere Besicherung wird in der Regel nicht gefordert.

1.4.5.2 Konsumentenkredit

Zu den Konsumentenkrediten werden Kredite für größere Anschaffungen, wie etwa eines Pkw, gezählt. Konsumentenkredite werden meist in konstanten Raten getilgt. Für den Kreditrahmen bestehen gewisse Mindest- und Höchstvolumina, z.B. von mindestens 1.000 € und höchstens 50.000 €. Voraussetzung für die Vergabe eines Konsumentenkredits ist die Kreditwürdigkeit des Kreditnehmers, für die u.a. regelmäßige Einnahmen nachzuweisen sind.

1.4.5.3 Baufinanzierungskredit

Baufinanzierungskredite dienen der Finanzierung des Erwerbs oder Baus einer Immobilie. Es handelt sich um mit Grundpfandrechten besicherte langfristige Kredite. Früher waren hier Laufzeiten von 30 Jahren durchaus üblich. Heute hingegen liegt die höchste Zinsbindung in der Regel bei 15 Jahren (s. Abschnitt „Laufzeit und Verzinsung"). Baufinanzierungskredite werden meist mit einer Annuitätentilgung, d.h. einer konstanten Belastung aus Tilgung und Zins, ausgestattet.

1.4.5.4 Kontokorrentkredit

Der Kontokorrentkredit ist ein kurzfristiger Kredit in Form einer eingeräumten Kreditlinie, der von einer Bank an Unternehmen oder auch zwischen zwei Unternehmen vergeben wird. Er entspricht dem Dispositionskredit an Privatkunden. Der Kreditnehmer kann den Kredit bis zur Kreditlinie variabel in Anspruch nehmen. Auch die Tilgung erfolgt individuell nach den Wünschen des Kreditnehmers. Die Verzinsung richtet sich nach dem Marktniveau.

Bei Überschreiten der Kreditlinie entsteht ein Überziehungskredit, dessen Sollzinsen über die des Kontokorrentkredits hinausgehen.

1.4.5.5 Betriebsmittelkredit

Betriebsmittelkredite werden an Unternehmen vergeben und stellen eine kurzfristig eingeräumte Kreditlinie dar, die zur Finanzierung von laufenden Ausgaben, wie dem Kauf von Rohstoffen und anderen Waren, dient. Der Betriebsmittelkredit ist damit eine Form des Kontokorrentkredits. Die Rückzahlung des Kredits erfolgt individuell aus den laufenden Einnahmen.

1.4.5.6 Investitionskredit

Ein Investitionskredit dient der Beschaffung von Anlagevermögen, wie z.B. Gebäuden, Maschinen und Fahrzeugen. Die Laufzeit richtet sich nach der Nutzungsdauer des Investitionsobjekts und ist daher meist langfristig. Ein Investitionskredit wird meist als Ratendarlehen vergeben. So wie das Investitionsgut konstant abgeschrieben wird, wird auch der Kredit in konstanten Raten getilgt, so dass die Kredithöhe an den Buchwert des Investitionsobjekts angelehnt ist. Investitionskredite werden naturgemäß eher von Unternehmen in Anspruch genommen.

1.5 Partnerinterview

Das Ziel eines Partnerinterviews[15] ist die Wiederholung und Einübung des Stoffes durch das Formulieren des Gelernten mit eigenen Worten. Zu diesem Zweck bilden Sie mit einer weiteren Person eine Zweiergruppe, ein Partner übernimmt jeweils die Rolle von A, der andere die Rolle von B. Bei jeder Frage erläutert A die „A-Frage" seinem Partner, anschließend erläutert B die „B-Frage". Die Fragen beziehen sich immer auf einen Themenkomplex und wechseln im Schwierigkeitsgrad ab. Zur Beantwortung der Fragen dürfen Sie alle Hilfsmittel benutzen, z.B. noch einmal im Text nachlesen. Wichtig ist allein, dass Sie den Stoff noch einmal selbst laut in Ihren Worten ausdrücken. Lernpsychologische Untersuchungen bestätigen, dass hierdurch eine stärkere Auseinandersetzung mit dem Gelernten und dadurch ein besseres Verständnis gefördert wird. Eine Antwort der Fragen wird nicht angegeben, um ein zu schnelles Nachschauen in der „Musterlösung" zu verhindern. Alle Antworten lassen sich aus dem Lehrbuchtext erschließen.

Wird der Stoff im Selbststudium erarbeitet, ist es nach den oben stehenden Erläuterungen ebenfalls ratsam, die Fragen laut zu beantworten, als würde man sie einem Partner erklären. In diesem Fall sollten jeweils beide Fragen bearbeitet werden.

1. A: Beschreiben Sie bei einem klassischen Anlageprodukt Ihrer Wahl, warum dieses auch als Geldaufnahme bezeichnet werden kann?

    B: Was bedeuten Guthaben- und Sollzinssatz? Wie verhalten sie sich zueinander?

2. A: Was ist eine Zinsstruktur? Wie sieht eine normale Zinsstrukturkurve aus?

    B: Wie sieht eine inverse Zinsstrukturkurve aus? Wie kann sie entstehen?

3. A: Was sind OTC-Produkte?

    B: Wann sind Finanzinstrumente an der Börse handelbar?

4. A: Beschreiben Sie eine Geldanlage mit Auszahlung der anfallenden Zinsen!

    B: Beschreiben Sie eine Geldanlage mit Gutschrift der anfallenden Zinsen!

5. A: Was ist ein Referenzzinssatz? Beschreiben Sie eine Anlage, bei der ein variabler Zinssatz gezahlt wird.

    B: Beschreiben Sie eine Anlage, bei der ein fester Zinssatz gezahlt wird. Wann ist dieses für den Anleger vorteilhaft, wann von Nachteil?

6. A: Klassifizieren Sie drei Ihnen bekannte Anlageprodukte!

    B: Nennen Sie drei Ihnen bekannte Kreditformen und ordnen Sie diese ein!

---

[15] S. z.B. *Wahl*, 1995, S. 194.

2 Mathematische Grundlagen

2.1 Lernziele

Zur Vermittlung der Ideen und Gebiete der Finanzmathematik wird nur ein vergleichsweise geringer Anteil mathematischer Theorie und Methoden benötigt. Die gute Beherrschung der verwendeten mathematischen Hilfsmittel ist für das Verständnis der finanzmathematischen Anwendungen aber um so wichtiger. Hierzu gehört die Kenntnis symbolischer Schreibweisen wie bei Summen- und Produktdarstellungen ebenso wie der sichere Umgang mit Potenzen und Logarithmen sowie die Fähigkeit zur Beschreibung von Folgen und der Berechung der in der Finanzmathematik häufig auftretenden geometrischen Reihe. Das folgende Kapitel stellt diese Hilfsmittel zusammen. Nach Bearbeitung des Kapitels sollte der Leser in der Lage sein,

- die Potenz- und Logarithmusgesetze anzuwenden,

- Exponentialgleichungen aufzulösen,

- die Schreibweise einer Summe und eines Produktes zu kennen sowie einfache Summen und Produkte zu berechnen,

- die spezielle Summe über die natürlichen Zahlen zu bestimmen,

- eine Folge als Zuordnung der natürlichen zu den reellen Zahlen zu verstehen,

- Beispiele für Folgen nennen zu können,

- Eigenschaften einer Folge wie Monotonie und Beschränktheit zu untersuchen,

- bei einer einfachen Folge zu erkennen, ob sie konvergiert oder (bestimmt oder unbestimmt) divergiert,

- arithmetische und geometrische Folgen zu definieren und ihr Konvergenzverhalten zu erläutern,

- eine Reihe als spezielle Folge zu verstehen,

- die Partialsumme einer geometrischen Reihe zu berechnen,

- den Wert einer unendlichen geometrischen Reihe zu bestimmen.

2.2 Potenzen und Logarithmen

2.2.1 Potenzfunktion

Definition: Die Funktion $f(x) = x^a$ heißt Potenzfunktion. Den Ursprungswert x nennt man die **Basis**, a den **Exponenten** der Potenz.

Dabei ist a ein Parameter.

1. Ist a eine natürliche Zahl, d.h. gilt $a = n$, $n \in N$, so bedeutet $f(x) = x^n$, dass x n-mal mit sich selbst multipliziert wird, d.h.

$$f(x) = x^n = \underbrace{x \cdot x \cdot x \cdot \ldots \cdot x}_{n-mal}, \quad n \in N. \tag{2.1}$$

2. Für $a = 0$ und $x \neq 0$ gilt speziell

$$f(x) = x^0 := 1. \tag{2.2}$$

3. Für einen negativen Exponenten $a = -n$, $n \in N$ gilt für $x \neq 0$

$$f(x) = x^{-n} = \frac{1}{x^n} = \frac{1}{\underbrace{x \cdot x \cdot x \cdot \ldots \cdot x}_{n-mal}}, \quad n \in N. \tag{2.3}$$

Beispiel 2.1: $2^4 = 2 \cdot 2 \cdot 2 \cdot 2 = 16$. □

Beispiel 2.2: $5^{-2} = \dfrac{1}{5 \cdot 5} = \dfrac{1}{25}$. □

2.2.2 Potenzgesetze

Es gelten die folgenden allgemeinen Potenzgesetze:

1. $x^a \cdot y^a = (x \cdot y)^a$ $\tag{2.4}$

   Zwei Potenzen mit unterschiedlicher Basis und gleichem Exponenten werden multipliziert, indem man die Basen multipliziert und den Exponenten beibehält.

   Beispiel 2.3: $2^3 \cdot 5^3 = 8 \cdot 125 = 1.000 = 10^3 = (2 \cdot 5)^3$.

   Statt die gegebenen Potenzen 2^3 und 5^3 zu berechnen, kann man zunächst die Basen 2 und 5 multiplizieren. Die so entstehende Potenz von 10 lässt sich dann leichter berechnen. □

Dieses Gesetz lässt sich leicht auch allgemeingültig beweisen.

Nach der Definition einer Potenz gilt

$$x^a \cdot y^a = \underbrace{x \cdot x \cdot x \cdot \ldots \cdot x}_{a-mal} \underbrace{y \cdot y \cdot y \cdot \ldots \cdot y}_{a-mal}.$$

Da das Ergebnis einer Multiplikation (aufgrund des Kommutativgesetzes) unabhängig von der Reihenfolge ist, in der multipliziert wird, können wir schreiben

$$x^a \cdot y^a = \underbrace{x \cdot x \cdot x \cdot \ldots \cdot x}_{a-mal} \underbrace{y \cdot y \cdot y \cdot \ldots \cdot y}_{a-mal} = \underbrace{(x \cdot y) \cdot (x \cdot y) \cdot (x \cdot y) \cdot \ldots \cdot (x \cdot y)}_{a-mal} = (x \cdot y)^a.$$

2.　$$\frac{x^a}{y^a} = \left(\frac{x}{y}\right)^a.$$　　　　　　(2.5)

Zwei Potenzen mit unterschiedlicher Basis und gleichem Exponenten werden dividiert, indem man die Basen dividiert und den Exponenten beibehält.

Der Beweis erfolgt analog zum Beweis des ersten Gesetzes der Multiplikation von Potenzen mit gleichem Exponenten:

$$\frac{x^a}{y^a} = \frac{\overbrace{x \cdot x \cdot x \cdot \ldots \cdot x}^{a-mal}}{\underbrace{y \cdot y \cdot y \cdot \ldots \cdot y}_{a-mal}} = \underbrace{\left(\frac{x}{y}\right) \cdot \left(\frac{x}{y}\right) \cdot \left(\frac{x}{y}\right) \cdot \ldots \cdot \left(\frac{x}{y}\right)}_{a-mal} = \left(\frac{x}{y}\right)^a.$$

Beispiel 2.4: $\dfrac{4^5}{2^5} = \left(\dfrac{4}{2}\right)^5 = 32.$　　　　　□

3.　$$x^a \cdot x^b = x^{a+b}.$$　　　　　　(2.6)

Zwei Potenzen mit gleicher Basis und unterschiedlichem Exponenten werden multipliziert, indem man die Basen beibehält und die Exponenten addiert.

Diesen Zusammenhang sieht man am einfachsten am Beispiel.

Beispiel 2.5: $5^2 \cdot 5^3 = (5 \cdot 5) \cdot (5 \cdot 5 \cdot 5) = 5 \cdot 5 \cdot 5 \cdot 5 \cdot 5 = 5^5 = 5^{2+3} = 3.125.$　　□

Aber auch der allgemeine Beweis ist einfach zu führen:

Es gilt

$$x^a \cdot x^b = \underbrace{x \cdot x \cdot x \cdot \ldots \cdot x}_{a-mal} \underbrace{x \cdot x \cdot x \cdot \ldots \cdot x}_{b-mal} = \underbrace{x \cdot x \cdot x \cdot \ldots \cdot x}_{a+b-mal} = x^{a+b}.$$

Wenn man zunächst a-mal und dann noch einmal b-mal mit demselben Faktor multipliziert, hat man insgesamt (a+b) gleiche Faktoren.

4. $\dfrac{x^a}{x^b} = x^{a-b}$.   (2.7)

Zwei Potenzen mit gleicher Basis und unterschiedlichem Exponenten werden dividiert, indem man die Basen beibehält und die Exponenten subtrahiert.

Der Beweis ergibt sich direkt aus 3., da nach Definition einer negativen Potenz gilt

$$\frac{x^a}{x^b} = x^a \cdot x^{-b} = x^{a+(-b)} = x^{a-b}.$$

Beispiel 2.6: $\dfrac{7^5}{7^3} = 7^5 \cdot 7^{-3} = 7^2 = 49.$ $\square$

5. $\left(x^a\right)^b = x^{a \cdot b}$.   (2.8)

Eine Potenz wird potenziert, indem man die Exponenten multipliziert.

Der Unterschied zu dem dritten Potenzgesetz besteht darin, dass hier die gesamte Potenz x^a mit dem Exponenten b potenziert wird. Die Potenz x^a wird also b-mal mit sich selbst multipliziert. Es lässt sich schreiben

$$\left(x^a\right)^b = \underbrace{x^a \cdot x^a \cdot x^a \cdot \ldots \cdot x^a}_{b-\text{mal}} = x^{\overbrace{a+a+a+\ldots+a}^{b-\text{mal}}} = x^{a \cdot b}.$$

Beispiel 2.7: $\left(2^2\right)^3 = 2^2 \cdot 2^2 \cdot 2^2 = 2^{2+2+2} = 2^{3 \cdot 2} = 2^6.$ $\square$

2.2.3   Addition und Subtraktion von Potenzen

Bei der Multiplikation und Division von Potenzen können Potenzen dann zusammengefasst werden, wenn **entweder** die Basis **oder** der Exponent der Potenzen gleich ist.

Potenzen können aber nur dann addiert oder subtrahiert werden, wenn Basis **und** Exponent gleich sind. Sie werden addiert (bzw. subtrahiert), indem ihre Koeffizienten addiert (bzw. subtrahiert) werden.

Beispiel 2.8: $3x^2 + 5x^2 = 8x^2$ $\square$

Beispiel 2.9: $7y^4 - 2y^4 = 5y^4$ $\square$

2.2.4 Potenzieren von Summen oder Differenzen

Beispiel 2.10: $(7 + y)^2 = (7 + y) \cdot (7 + y) = 49 + 7y + 7y + y^2 = 49 + 14y + y^2$ □

Potenzen von Summen oder Differenzen werden berechnet, indem man die Potenz als Produkt schreibt und dieses ausmultipliziert.

Wichtig: Auf keinen Fall darf die Potenz einfach in die Summe hineingezogen werden!

Beispiel 2.11: $(a + b)^2 \neq a^2 + b^2$ (!)   □

2.2.5 Wurzelfunktion

Definition: Die n-te Wurzel aus einer Zahl $x \geq 0$ ist diejenige Zahl, deren n-te Potenz x ergibt:

$$f(x) = y = \sqrt[n]{x} \;\Rightarrow\; x = y^n, \quad x \geq 0 \tag{2.9}$$

Dabei nennt man x den **Radikand**, n den **Wurzelexponenten**.

Das „Ziehen der n-ten Wurzel" stellt also die Umkehrung des Potenzierens dar.

Beispiel 2.12: Sucht man die dritte Wurzel aus 8, d.h. $y = \sqrt[3]{8}$, dann ist die Zahl gesucht, die, wenn man sie mit 3 potenziert, 8 ergibt. Gesucht ist also das y, für das $y^3 = 8$. Es gilt hier natürlich $y = 2$, denn $2^3 = 8$.   □

Die n-te Wurzel kann man als Potenz mit rationalem Exponenten als

$$\sqrt[n]{x} = x^{\frac{1}{n}} \tag{2.10}$$

schreiben.

Dieses ergibt sich aus den Potenzgesetzen. Potenziert man die n-te Wurzel aus x mit n, soll sich nach der Definition der Wurzel wiederum x ergeben. Mit der eingeführten Schreibweise resultiert dieses aus den Potenzgesetzen:

$$(\sqrt[n]{x})^n = (x^{\frac{1}{n}})^n = x.$$

2.2.6 Lösung von Potenzgleichungen

Die Beherrschung der Potenzgesetze ist zum Vereinfachen von Potenzausdrücken sehr wichtig. Für viele Anwendungen ist es aber noch entscheidender, dass Gleichungen, in denen Potenzfunktionen auftreten, nach der Unbekannten aufgelöst werden können.

Wir werden zwei besonders häufig auftretende Spezialfälle behandeln.

2.2.6.1 Lösung der Potenzgleichung $x^n = c$

Abbildung 2-1: *Beispiele für Funktionen* $y = x^n - c$ *für gerades und ungerades n*

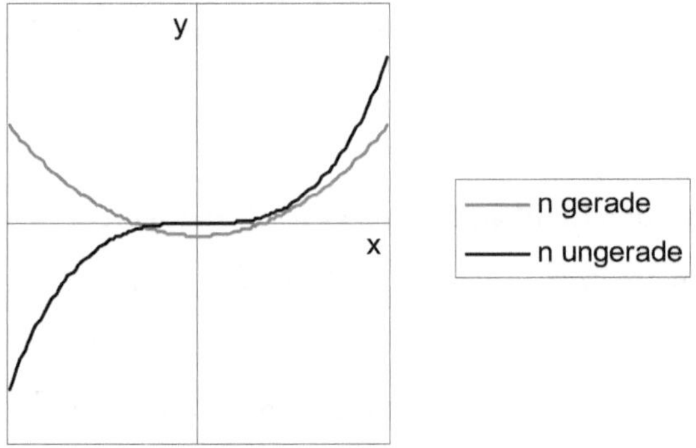

Die Anzahl der Lösungen der Gleichung $x^n = c$ hängt sowohl von n als auch von der rechten Seite c ab. Da $x^n = c$ auch zu $x^n - c = 0$ umgeformt werden kann, stimmt die Lösungsmenge der Gleichung mit den Nullstellen der Funktion $y = x^n - c$ (s. Abbildung 2-1) überein.

1. n gerade: Die Funktion $y = x^n - c$ ist von der Form einer Parabel.

    a) Für c > 0 schneidet die Funktion $y = x^n - c$ die y-Achse im Negativen. Die Gleichung $x^n = c$ hat daher genau zwei reelle Lösungen $x_{1/2} = \pm\sqrt[n]{c}$.

    b) Für c = 0 berührt die Funktion $y = x^n - c$ die y-Achse im Koordinatenursprung. Zwei Nullstellen fallen hier zusammen. Die Gleichung $x^n = 0$ hat also nur eine reelle Lösung $x = 0$.

c) Für $c < 0$ liegt die Funktion $y = x^n - c$ oberhalb der x-Achse. Die Gleichung $x^n = c$ hat keine reelle Lösung.

2. n ungerade: Für ungerades n hat die Funktion $y = x^n - c$ genau eine Nullstelle und demnach die Gleichung $x^n = c$ genau eine Lösung. Für $c \geq 0$ erhält man $x = +\sqrt[n]{c}$. Für $c < 0$ erhält man die negative Lösung $x = -\sqrt[n]{|c|}$. Da die Wurzel nur für positive Radikanden definiert ist, muss vor Anwendung der Wurzel zunächst der Betrag gebildet werden.

Beispiel 2.13: $x^3 = -27 \implies x = -\sqrt[3]{27} = -3,\ \text{da } (-3)^3 = -27.$ □

2.2.6.2   Quadratische Gleichungen

Die quadratische Gleichung $x^2 + px + q = 0$ hat die Lösungen

$$x_{1/2} = -\frac{p}{2} \pm \sqrt{\left(\frac{p}{2}\right)^2 - q} = -\frac{p}{2} \pm \sqrt{\frac{p^2}{4} - q}. \tag{2.11}$$

Dabei nennt man den Ausdruck unter der Wurzel $D = p^2/4 - q$ die **Diskriminante**. Die Art der Lösungen der quadratischen Gleichung hängt von der Diskriminante ab.

Ist die Diskriminante $D > 0$, so hat die quadratische Gleichung zwei verschiedene reelle Lösungen. Gilt $D = 0$, so fallen zwei Lösungen zusammen. Ist $D < 0$, so existiert keine reelle Lösung.

Beispiel 2.14: $x^2 - 6x + 8 \implies x_{1/2} = -(-3) \pm \sqrt{\underbrace{(-3)^2 - 8}_{=1}} \implies x_1 = 2,\quad x_2 = 4$ □

Beispiel 2.15: $x^2 - 4x + 4 \implies x_{1/2} = 2 \pm \sqrt{\underbrace{2^2 - 4}_{=0}} \implies x_{1/2} = 2.$ □

Beispiel 2.16: $x^2 - 6x + 10 \implies x_{1/2} = -(-3) \pm \sqrt{\underbrace{(-3)^2 - 10}_{=-1}}$

Da die Diskriminante negativ ist, existiert keine reelle Lösung.   □

Bemerkung: Ist die quadratische Gleichung in der allgemeineren Form $ax^2 + bx + c = 0$ gegeben, so lässt sie sich durch Division durch a auf die obige Form

$$x^2 + \frac{b}{a}x + \frac{c}{a} = 0$$

bringen. Setzt man $p = b/a$ und $q = c/a$, lässt sich Formel (2.11) anwenden und man erhält die Lösungen

$$x_{1/2} = -\frac{b}{2a} \pm \sqrt{\left(\frac{b}{2a}\right)^2 - \frac{c}{a}} = \frac{-b \pm \sqrt{b^2 - 4ac}}{2a} \qquad (2.12)$$

Dieses ist auch als „Mitternachtsformel" bekannt.

2.2.7   Exponentialfunktion

Definition: Die Funktion $f(x) = a^x$, $a > 0$ heißt Exponentialfunktion.

Der Unterschied zur Potenzfunktion liegt in der Vertauschung der Rolle von Basis und Exponent. Bei der Exponentialfunktion steht der Urwert im Exponenten, der Parameter a bildet die Basis.

Einen Eindruck von der Exponentialfunktion kann man z.B. erhalten, indem man eine Wertetabelle aufstellt oder die Funktion zeichnet.

Beispiel 2.17: In Tabelle 2-1 sind die Funktionen $f(x) = 3^x$ und $g(x) = (1/3)^x$ in Form einer Wertetabelle dargestellt.

Tabelle 2-1:   *Wertetabelle für* $f(x) = 3^x$ *und* $g(x) = (1/3)^x$

x	-20	-10	-1	0	1	10	20
f(x)	0,00	0,00	0,33	1,00	3,00	59.049,00	3.486.784.401,00
g(x)	3.486.784.401,00	59.049,00	3,00	1,00	0,33	0,00	0,00

In Abbildung 2-2 werden die Funktionen $f(x) = 3^x$ und $g(x) = (1/3)^x$ für x-Werte im Bereich [-3,3] noch einmal grafisch dargestellt.   □

Jede Exponentialfunktion schneidet die y-Achse ($x = 0$) bei $y = 1$. Das weitere Verhalten der Funktion hängt von der Basis a ab. Ist $a > 1$, so strebt die Funktion für negative x-Werte gegen 0 und wächst für positive x-Werte stark an. Für $a = 1$, liegt die konstante Funktion $f(x) = 1$ vor. Gilt $a < 1$, so wächst die Funktion für negative x-Werte an, für positive x-Werte strebt sie gegen 0.

Abbildung 2-2: $f(x) = 3^x$ *und* $g(x) = (1/3)^x$

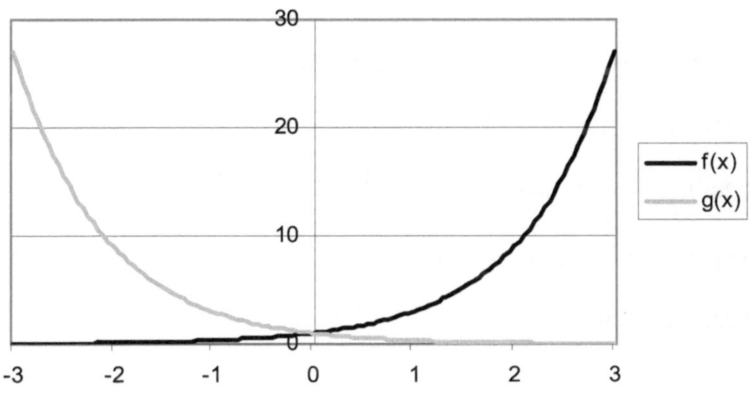

Die wichtigste Exponentialfunktion ist die e-Funktion $f(x) = e^x$, welche die natürliche Zahl e als Basis hat. Die Zahl e ist der Grenzwert einer Folge (s. Abschnitt „Folgen"), d.h.

$$e = \lim_{n \to \infty}\left(1 + \frac{1}{n}\right)^n \approx 2{,}7182.$$

Die Bedeutung der e-Funktion ergibt sich daraus, dass viele in der Natur gegebene Wachstumsprozesse, wie z.B. das Bevölkerungswachstum, die Vermehrung von Bakterien, radioaktiver Zerfall, etc. durch e-Funktionen beschrieben werden können. Auch in der Finanzmathematik spielt die e-Funktion eine wichtige Rolle. Sie kommt bei einer stetigen Zeitbetrachtung, wie z.B. bei der stetigen Verzinsung zum Tragen (s. Kapitel 3 „Zinsrechnung").

2.2.8   Logarithmusfunktion

Die Logarithmusfunktion ist die Umkehrfunktion der Exponentialfunktion.

Beispiel 2.18: Sucht man den Logarithmus aus 8 zur Basis 2, dann ist der Exponent gesucht, mit dem man 2 potenzieren muss, damit sich als Ergebnis 8 ergibt. Demnach ist

$$y = \log_2 8 = 3, \text{ denn } 2^3 = 8. \qquad \qquad \square$$

Definition: Der Logarithmus einer Zahl $x > 0$ zu einer Basis $a > 0$ mit $a \neq 1$ ist diejenige Zahl, mit der man a potenzieren muss, um x zu erhalten:

$$y = \log_a x \quad \Rightarrow \quad x = a^y, \quad x > 0,\ a > 0,\ a \neq 1. \tag{2.13}$$

Für den Ausdruck $\log_a x$ gilt die Sprechweise „Logarithmus von x zur Basis a".

Beispiel 2.19: $\log_2 32 = 5$, denn $2^5 = 32$. □

Beispiel 2.20: $\log_3 \dfrac{1}{9} = -2$, denn $3^{-2} = \dfrac{1}{3^2} = \dfrac{1}{9}$. □

Beispiel 2.21: $\log_a a^x = x$, denn $a^x = a^x$. □

Beispiel 2.22: $\log_a 1 = 0$, denn $a^0 = 1$. □

Aufgrund der Wichtigkeit mancher Basen haben die zugehörigen Logarithmusfunktionen spezielle Bezeichnungen. So nennt man den Logarithmus zur Basis $a = 10$ den **dekadischen** Logarithmus und schreibt oft

$$\lg(x) = \log_{10}(x).$$

Der Logarithmus zur Basis $a = 2$ wird auch **binärer** Logarithmus genannt und in der Literatur als

$$\mathrm{ld}(x) = \log_2(x)$$

notiert. Den Logarithmus zur Basis $a = e$ bezeichnet man als **natürlichen** Logarithmus und schreibt

$$\ln(x) = \log_e(x).$$

Wir werden hier nur die Schreibweise für den natürlichen Logarithmus $\ln(x)$ aufnehmen. Aufgrund der Häufigkeit seines Auftretens ist eine abkürzende Schreibweise sinnvoll. Bei den anderen Logarithmen gehen wir davon aus, dass das „Mitführen" der Basis die Lesbarkeit der Logarithmen erhöht.

2.2.9   Logarithmusgesetze

Aus den Potenzgesetzen lassen sich eine Reihe von Logarithmusgesetzen ableiten:

1. $\log_a(x \cdot y) = \log_a(x) + \log_a(y)$ (2.14)

Der Logarithmus eines Produktes lässt sich als Summe der Logarithmen der einzelnen Faktoren schreiben. Am einfachsten sieht man diesen Zusammenhang wieder am Beispiel.

Beispiel 2.23: $\underbrace{\log_2(64)}_{=6} = \log_2(2 \cdot 32) = \log_2(2) + \log_2(32) = 1 + 5 = 6.$ □

Das erste Logarithmusgesetz lässt sich aber auch formal beweisen, indem man einmal a zur Potenz der linken Seite erhebt und dann zur Potenz der rechten Seite. Beides muss gleich sein, wenn die ursprüngliche, d.h. die zu beweisende Gleichung, stimmt.

$$\log_a(x \cdot y) = \log_a(x) + \log_a(y) \quad \Leftrightarrow \quad \underbrace{a^{\log_a(x\cdot y)}}_{=x\cdot y} = a^{\log_a(x)+\log_a(y)} = \underbrace{a^{\log_a(x)}}_{=x} \cdot \underbrace{a^{\log_a(y)}}_{=y}$$

Es ergibt sich schließlich xy=xy, welches eine wahre Aussage ist. Demnach gilt auch die Ausgangsgleichung, das erste Logarithmusgesetz.

Wichtig: Der Logarithmus eines Produktes entspricht **nicht** dem Produkt der Logarithmen! An Beispiel 2.23 sieht man, dass

$$6 = \log_2(64) \neq \log_2(2) \cdot \log_2(32) = 1 \cdot 5 = 5. \ (!)$$

2. $\quad \log_a\left(\dfrac{x}{y}\right) = \log_a(x) - \log_a(y)$ (2.15)

Der Logarithmus eines Quotienten lässt sich als Differenz der Logarithmen von Dividend und Divisor schreiben.

Das zweite Logarithmusgesetz lässt sich analog zum ersten Logarithmusgesetz herleiten.

Beispiel 2.24: $\underbrace{\log_2(16)}_{=4} = \log_2\left(\dfrac{64}{4}\right) = \log_2(64) - \log_2(4) = 6 - 2 = 4.$ □

3. $\quad \log_a\left(x^n\right) = n \cdot \log_a(x)$ (2.16)

Beim Logarithmus einer Potenz kann der Exponent „nach vorne gezogen werden".

Beispiel 2.25: $\underbrace{\log_2(2^3)}_{3} = 3 \cdot \log_2(2) = 3 \cdot 1 = 3.$ □

Das dritte Logarithmusgesetz kann man wiederum leicht allgemein nachweisen, indem man a mit beiden Seiten der Gleichung potenziert.

2.2.10   Lösung von Exponential- und Logarithmusgleichungen

Die Logarithmusgesetze dienen zur Vereinfachung von logarithmischen Ausdrücken. Für die Anwendung ist es aber wiederum entscheidender, Exponential- oder Logarithmusgleichungen nach einer Unbekannten auflösen zu können. Wir üben dieses an den folgenden Beispielen.

Beispiel 2.26: Lösen Sie folgende Gleichung nach x auf: $e^{3x} = 15$

Lösung: Um das x „aus dem Exponenten zu bekommen", kann man die Gleichung auf beiden Seiten logarithmieren. Man erhält dann

$$\ln(e^{3x}) = \ln(15) \quad \Leftrightarrow \quad 3x = \ln(15) \quad \Leftrightarrow \quad x = \frac{\ln(15)}{3}. \qquad \square$$

In Beispiel 2.26 erhält man durch Logarithmieren auf der linken Seite sofort den Exponenten, da der natürliche Logarithmus die Umkehrfunktion der e-Funktion ist ($\ln(e) = 1$). Man kann den natürlichen Logarithmus aber auch anwenden, um bei Potenzen mit einer von e verschiedenen Basis nach dem Exponenten aufzulösen.

Beispiel 2.27: Lösen Sie folgende Gleichung nach x auf: $2^{x^2} = 7$

Lösung: Wir werden zwei Lösungswege beschreiten.

a) Analog zu Beispiel 2.26 kann man hier den Logarithmus zur gegebenen Basis 2 anwenden, um zunächst nach x^2 aufzulösen.

$$2^{x^2} = 7 \quad \Leftrightarrow \quad \log_2(2^{x^2}) = \log_2(7) \quad \Leftrightarrow \quad x^2 = \log_2(7) \quad \Leftrightarrow \quad x = \pm\sqrt{\log_2(7)}.$$

Der Nachteil dieser Lösungsmöglichkeit besteht darin, dass die meisten Taschenrechner den Logarithmus zur Basis 2 nicht integriert haben und man so das Ergebnis nicht als Dezimalzahl berechnen kann.

b) Möchte man als Ergebnis eine Dezimalzahl erhalten, bietet es sich an, auch dann den natürlichen Logarithmus zu verwenden, wenn die Basis des Potenzausdruckes von e verschieden ist. Nach dem Logarithmieren kann man den Exponenten aufgrund des dritten Logarithmusgesetzes „vor den Logarithmus ziehen".

$$2^{x^2} = 7 \quad \Leftrightarrow \quad \ln(2^{x^2}) = \ln(7) \quad \Leftrightarrow \quad x^2 \cdot \ln(2) = \ln(7) \quad \Leftrightarrow \quad x = \pm\sqrt{\frac{\ln(7)}{\ln(2)}} = \pm 1{,}676.$$

$$\square$$

2.3 Summen und Produkte

2.3.1 Summensymbol

Bei vielen Anwendungen liegt die Situation vor, dass man mehrere Ausdrücke addieren möchte, die alle eine „ähnliche Struktur" besitzen. Für diese Fälle ist es günstig, eine allgemeine Schreibweise für Summen zu verwenden.

Beispiel 2.28: Sie möchten die natürlichen Zahlen von 1 bis 10 addieren. Dieses kann man natürlich als $1 + 2 + 3 + 4 + 5 + 6 + 7 + 8 + 9 + 10$ schreiben. Wollen Sie aber bereits die Zahlen von 1 bis 100 addieren, ist diese Schreibweise nicht mehr angemessen. Man könnte sich helfen, in dem man schreibt $1 + 2 + 3 + ... + 100$, d.h. das allgemeine Bildungsgesetz „andeutet".

Unter Verwendung eines Summensymbols kann man hier schreiben: $\sum\limits_{j=1}^{100} j$.

Das allgemeine Bildungsgesetz, nach dem man über die natürlichen Zahlen von 1 bis 100 und nur über diese summieren möchte, wird hier klar dargestellt. □

Definition: Die **Summe** von n Termen a_1 bis a_n lässt sich schreiben als

$$\sum_{j=1}^{n} a_j = a_1 + a_2 + ... + a_n. \tag{2.17}$$

Dabei ist das griechische Σ (sprich: Sigma, griech: „S") das **Summensymbol**, j heißt der **Summationsindex**. 1 ist die **untere**, n die **obere Summationsgrenze**.

Der Summand a_j ist dabei ein von j abhängiger Ausdruck, der mit dem Summationsindex j seinen Wert verändert. Sukzessive wird j in den Ausdruck a_j eingesetzt. Gilt z.B. $a_j = j$, so wird die Summe über die natürlichen Zahlen innerhalb der Summationsgrenzen gebildet. Beliebige andere Funktionen von j sind für a_j ebenfalls möglich.

Beispiel 2.29: $\sum\limits_{j=1}^{5} j = 1 + 2 + 3 + 4 + 5 = 15.$ □

Beispiel 2.30: $\sum\limits_{j=1}^{3} j^2 = 1^2 + 2^2 + 3^2 = 1 + 4 + 9 = 14.$ □

Die Summe muss nicht bei $j = 1$ beginnen. Verallgemeinert gilt die Schreibweise

$$\sum_{j=m}^{n} a_j = \begin{cases} a_m + a_{m+1} + \ldots + a_n, & n > m \\ a_m = a_n, & n = m \\ 0, & n < m \end{cases} \qquad (2.18)$$

Ist die untere Grenze größer als die obere Grenze, so ist die Summe „leer" und wird als 0 definiert.

Beispiel 2.31: $\displaystyle\sum_{j=3}^{5} j^2 = 3^2 + 4^2 + 5^2 = 9 + 16 + 25 = 50.$ □

2.3.2   Rechenregeln für Summen

Es gelten folgende Regeln:[16]

1. $\displaystyle\sum_{j=1}^{m} a_j + \sum_{j=m+1}^{n} a_j = \sum_{j=1}^{n} a_j.$ (2.19)

     Beispiel 2.32: $(1 + 2 + 3) + (4 + 5) = \displaystyle\sum_{j=1}^{3} j + \sum_{j=4}^{5} j = \sum_{j=1}^{5} j = 1 + 2 + 3 + 4 + 5 = 15.$ □

2. $\displaystyle\sum_{j=1}^{n} c = \underbrace{c + c + c + \ldots + c}_{n-\text{mal}} = n \cdot c.$ (2.20)

Wenn man über eine Konstante summiert, die nicht vom Summationsindex j abhängt, so wird diese Konstante so oft addiert, wie die Anzahl n der Summanden angibt.

     Beispiel 2.33: $\displaystyle\sum_{j=1}^{5} 3 = 3 + 3 + 3 + 3 + 3 = 5 \cdot 3 = 15.$ □

3. $\displaystyle\sum_{j=1}^{n} (c \cdot a_j + d \cdot b_j) = c \cdot \sum_{j=1}^{n} a_j + d \cdot \sum_{j=1}^{n} b_j$ (2.21)

Konstante Faktoren (wie hier c und d) können ausgeklammert werden, also „vor die Summe gezogen werden". Eine Summe über Terme die ihrerseits Summen sind, kann in einzelne Summen zerlegt werden. Umgekehrt können Einzelsummen mit gleichen Summationsgrenzen zusammengefasst werden.

     Beispiel 2.34: $\displaystyle\sum_{j=1}^{4} (2 \cdot j + j^2) = 2 \cdot \sum_{j=1}^{4} j + \sum_{j=1}^{4} j^2.$ □

---

[16]   Für eine einfachere Lesbarkeit werden die Rechenregeln für Summen formuliert, die mit dem Index 1 beginnen. Die Verallgemeinerung zu Summen, die mit einem von 1 verschiedenen Index beginnen, ist dann leicht herzuleiten.

4. $\displaystyle\sum_{j=m}^{n} a_j = \sum_{i=m-k}^{n-k} a_{i+k}.$ (2.22)

Diese Regel eröffnet die Möglichkeit, die Grenzen einer Summe zu wechseln, ohne etwas am Wert der Summe zu ändern. Man bezeichnet dieses als **Indexverschiebung**. Wenn man die untere Grenze um k Einheiten nach unten verschiebt, muss man den Index um k Einheiten erhöhen, um trotzdem denselben Summanden zu bezeichnen.

Am einfachsten sieht man diesen Zusammenhang am Beispiel.

Beispiel 2.35: $\displaystyle\sum_{j=1}^{3}(j-1) = 0+1+2 = \sum_{j=0}^{2} j.$ □

Die erste Summe läuft von j = 1 bis j = 3. Setzt man j = 1 in den Summanden (j-1) ein, so erhält man als ersten Summanden 0. Um dieses auch bei einer Summe, die mit j = 0 beginnt, zu erhalten, summiert man statt über (j-1) über j. □

2.3.3 Spezielle Summen

Die Summenformel ist eine abkürzende Schreibweise. Sie erleichtert dem Anwender aber nicht die termweise Berechnung des Wertes der Summe. Für viele Summen lassen sich allerdings geschlossene Formeln für den Wert der Summe herleiten. Wir wollen dieses hier nur an einigen für die Anwendung wichtigen Sonderfällen zeigen.

Die vielleicht wichtigste **Summe** ist diejenige über die **natürlichen Zahlen**.

Möchte man z.B. die natürlichen Zahlen von 1 bis 100 addieren[17], so kann man natürlich rechnen „1 plus 2 ergibt 3, plus 3 ergibt 6, usw.". Es geht aber auch einfacher. Addiert man nämlich die erste und die letzte Zahl, d.h. die 1 und die 100, so erhält man 101. Ebenso kann man die zweite und die vorletzte Zahl, die 2 und die 99, addieren und erhält ebenfalls 101. „In der Mitte" hat man dann die 50 und die 51 zu 101 zu addieren. Insgesamt gibt es 50 solcher Paare, d.h. die Hälfte der Anzahl an Zahlen, die man addiert. Deshalb erhält man schnell

$$\underbrace{1+2+\ldots+\underbrace{\underbrace{50+51}_{=101}}_{=101}+\ldots+99+100}_{=101} = 50\cdot101 = 5.050.$$

---

[17] Als der berühmte Mathematiker Carl Friedrich Gauß 8 Jahre alt war, wollte sich sein Volksschullehrer eine Pause verschaffen und gab seinen Schülern die Aufgabe, die Zahlen von 1 bis 100 zu addieren. Gauß präsentierte dem verblüfften Lehrer das richtige Ergebnis nach wenigen Minuten (z.B. *Kehlmann*, 2005, S. 55 ff.).

Dieses lässt sich dann leicht auf die Addition der ersten n natürlichen Zahlen verallgemeinern. Es ergeben sich n/2 Zahlenpaare, von denen die Summe jeweils (n+1) beträgt. Daher gilt

$$\sum_{j=1}^{n} j = \frac{n \cdot (n+1)}{2}. \tag{2.23}$$

Beispiel 2.36: $\sum_{j=1}^{5} j = 1 + 2 + 3 + 4 + 5 = 15 = \dfrac{5 \cdot 6}{2}$ □

Nicht immer beginnt die Addition bei der Zahl 1. Bei einem anderen unteren Summationsindex könnte man eine ähnliche Formel herleiten, man kann sich aber auch die bereits hergeleitete Formel zunutze machen.

Beispiel 2.37: $\sum_{j=51}^{100} j = \sum_{j=1}^{100} j - \sum_{j=1}^{50} j = \dfrac{100 \cdot 101}{2} - \dfrac{50 \cdot 51}{2} = 5.050 - 1.275 = 3.775$

Wenn man die natürlichen Zahlen von 51 bis 100 addieren möchte, kann man auch zunächst alle natürlichen Zahlen von 1 bis 100 addieren und dann die Zahlen von 1 bis 50, die „zuviel addiert wurden", wieder abziehen. □

Aus der Summe über alle natürlichen Zahlen lassen sich nun leicht Summenformeln für die geraden bzw. die ungeraden Zahlen ableiten. Für die geraden Zahlen gilt

$$\sum_{j=1}^{n} (2 \cdot j) = 2 \cdot \sum_{j=1}^{n} j = 2 \cdot \frac{n \cdot (n+1)}{2} = n \cdot (n+1). \tag{2.24}$$

Beispiel 2.38: $2 + 4 + 6 + 8 + 10 + 12 + 14 = \sum_{j=1}^{7} (2 \cdot j) = 7 \cdot 8 = 56.$ □

Für die ungeraden Zahlen erhält man

$$\sum_{j=1}^{n} (2 \cdot j - 1) = 2 \cdot \sum_{j=1}^{n} j - \sum_{j=1}^{n} 1 = 2 \cdot \frac{n \cdot (n+1)}{2} - n = n \cdot (n+1) - n = n^2 + n - n = n^2. \tag{2.25}$$

Beispiel 2.39: $1 + 3 + 5 + 7 = \sum_{j=1}^{4} (2 \cdot j - 1) = 4^2 = 16.$ □

Eine weitere wichtige Summenformel werden wir in dem Abschnitt „Geometrische Reihe" kennen lernen.

2.3.4 Produktsymbol

Auch das Produkt über mehrere gleich geartete Terme kann zusammenfassend notiert werden.

Das **Produkt** von n Faktoren a_1 bis a_n lässt sich schreiben als

$$\prod_{j=1}^{n} a_j = a_1 \cdot a_2 \cdot \ldots \cdot a_n. \tag{2.26}$$

Das griechische Π (sprich: Pi, griech: „P") ist dabei das **Produktsymbol**, j hier der **Multiplikationsindex**. 1 ist die **untere**, n die **obere Multiplikationsgrenze**. Der Faktor a_j ist dabei wieder ein beliebiger von j abhängiger Ausdruck.

Beispiel 2.40: $\prod_{j=1}^{3} j = 1 \cdot 2 \cdot 3 = 6.$ □

Verallgemeinert gilt

$$\prod_{j=m}^{n} a_j = \begin{cases} a_m \cdot a_{m+1} \cdot \ldots \cdot a_n, & n > m \\ a_m = a_n, & n = m \\ 1, & n < m \end{cases} \tag{2.27}$$

Das leere Produkt, bei dem die untere Grenze größer als die obere Grenze ist, wird als 1 definiert.

Beispiel 2.41: $\prod_{j=3}^{5} 2 \cdot j = (2 \cdot 3) \cdot (2 \cdot 4) \cdot (2 \cdot 5) = 6 \cdot 8 \cdot 10 = 480.$ □

2.3.5 Rechenregeln für Produkte

Es gelten folgende Regeln:

1. $\displaystyle \prod_{j=1}^{m} a_j \cdot \prod_{j=m+1}^{n} a_j = \prod_{j=1}^{n} a_j.$ (2.28)

     Beispiel 2.42: $(1 \cdot 2) \cdot (3 \cdot 4) = \prod_{j=1}^{2} j \cdot \prod_{j=3}^{4} j = \prod_{j=1}^{4} j = (1 \cdot 2 \cdot 3 \cdot 4)$ □

2. $\displaystyle \prod_{j=1}^{n} c = c^n.$ (2.29)

Wenn man eine Konstante n-mal mit sich selbst multipliziert, erhält man die n-te Potenz dieser Konstanten. Dieses war die Definition der Potenz.

Beispiel 2.43: $\prod_{j=1}^{4} 3 = 3 \cdot 3 \cdot 3 \cdot 3 = 3^4 = 81$ $\qquad\qquad$ □

3. $\displaystyle\prod_{j=1}^{n} a_j \cdot \prod_{j=1}^{n} b_j = \prod_{j=1}^{n} a_j \cdot b_j.$ $\hfill$ (2.30)

Der Wert eines Produktes ist von der Reihenfolge der Multiplikation unabhängig (Kommutativgesetz).

Beispiel 2.44: $(1 \cdot 2 \cdot 3) \cdot (1 \cdot 4 \cdot 9) = \prod_{j=1}^{3} j \cdot \prod_{j=1}^{3} j^2 = \prod_{j=1}^{n} j \cdot j^2 = (1 \cdot 1) \cdot (2 \cdot 4) \cdot (3 \cdot 9)$ $\qquad$ □

2.4 Folgen und Reihen

Definition: Eine reelle Zahlenfolge (kurz: Folge) ist definiert als eine Abbildung a: $N \rightarrow R$, die jeder natürlichen Zahl $n \in N$ eine reelle Zahl a_n zuordnet.

Als Schreibweisen für eine Folge existieren:

$$(a_n) = (a_n)_{n=1,2,\dots} = (a_n)_{n \in N} \text{ oder auch } \{a_n\} = \{a_n\}_{n=1,2,\dots} = \{a_n\}_{n \in N}. \qquad (2.31)$$

Wir wählen im Folgenden die erste Alternative.

Um von einer gegebenen Folge einen ersten Eindruck zu gewinnen, ist es sinnvoll, die ersten Folgenglieder auszuschreiben oder in einer Tabelle, z.B. in Excel, darzustellen.

Beispiel 2.46: $(a_n) = \left(\dfrac{1}{n}\right) = 1, \ \dfrac{1}{2}, \ \dfrac{1}{3}, \ \dfrac{1}{4}, \ \dots$ $\qquad\qquad$ □

Beispiel 2.47: $(a_n) = \left((-1)^n\right) = -1, \ +1, \ -1, \ +1, \ \dots$ $\qquad\qquad$ □

Beispiel 2.48: $(a_n) = \left(2^n\right) = 2, \ 4, \ 8, \ 16, \ \dots$ $\qquad\qquad$ □

Einen weiteren Eindruck erhält man, indem man die Werte in einem Koordinatensystem abträgt. Für die Folge in Beispiel 2.46 ergibt sich dann z.B. Abbildung 2-3.

Abbildung 2-3:   *Folge* $(a_n) = (1/n)$

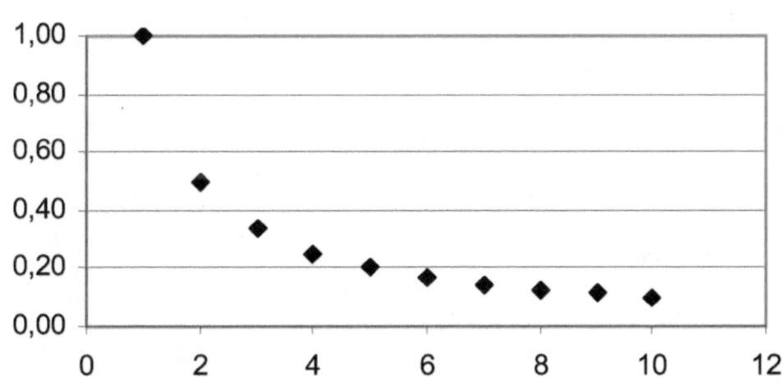

2.4.1   Eigenschaften von Folgen

Wir wollen zunächst einige Eigenschaften, mit denen man Folgen charakterisieren kann, kennen lernen.

2.4.1.1   Monotonie

Definition: Eine Folge (a_n) heißt **monoton wachsend**, wenn das jeweils nächste Folgenglied mindestens so groß wie das aktuelle Folgenglied ist, d.h. $a_{n+1} \geq a_n$ für alle $n \in N$.

Beispiel 2.49: Die Folge 1, 1, 2, 2, 3, 3, ... ist monoton wachsend (s. Abbildung 2-4).   □

Definition: Eine Folge (a_n) heißt **streng monoton wachsend**, wenn das jeweils nächste Folgenglied strikt größer ist als das aktuelle Folgenglied, d.h. $a_{n+1} > a_n$ für alle $n \in N$.

Beispiel 2.50: Die Folge 1, 2, 3, 4, 5, ..., d.h. $(a_n) = (n)$ ist streng monoton wachsend.   □

Aus der strengen Monotonie folgt auch die einfache Monotonie. Die Folge 1, 2, 3, ... aus Beispiel 2.50 ist sowohl streng monoton wachsend als auch nur monoton wachsend. Umgekehrt folgt aus der Monotonie noch nicht die strenge Monotonie. Die Folge 1, 1, 2, 2, 3, 3, ... aus Beispiel 2.49 ist zwar monoton wachsend, nicht aber streng monoton wachsend.

Abbildung 2-4:   *Folge 1 ,1, 2, 2, 3, 3, ...*

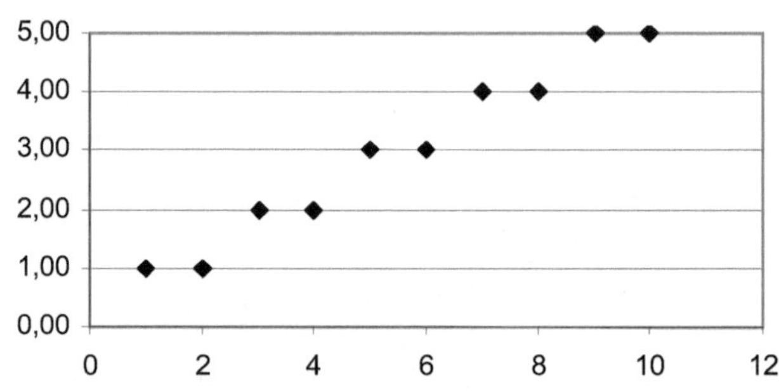

Definition: Eine Folge (a_n) heißt **monoton fallend**, wenn das jeweils nächste Folgenglied höchstens so groß wie das aktuelle Folgenglied ist, d.h. $a_{n+1} \le a_n$ für alle $n \in \mathbb{N}$.

Beispiel 2.51: Die Folge $(a_n) = (1/n)$, d.h. 1, 1/2, 1/3, 1/4, ... ist monoton fallend. □

Definition: Eine Folge (a_n) heißt **streng monoton fallend**, wenn das jeweils nächste Folgenglied strikt kleiner ist als das aktuelle Folgenglied, d.h. $a_{n+1} < a_n$ für alle $n \in \mathbb{N}$.

Beispiel 2.52: Die Folge $(a_n) = (1/n)$, d.h. 1, 1/2, 1/3, 1/4, ... ist natürlich auch streng monoton fallend. □

Definition: Eine Folge (a_n) heißt **alternierend**, wenn das Vorzeichen von Folgenglied zu Folgenglied wechselt.

Abbildung 2-5:   *Alternierende Folge* $(a_n) = \left((-1)^n\right)$

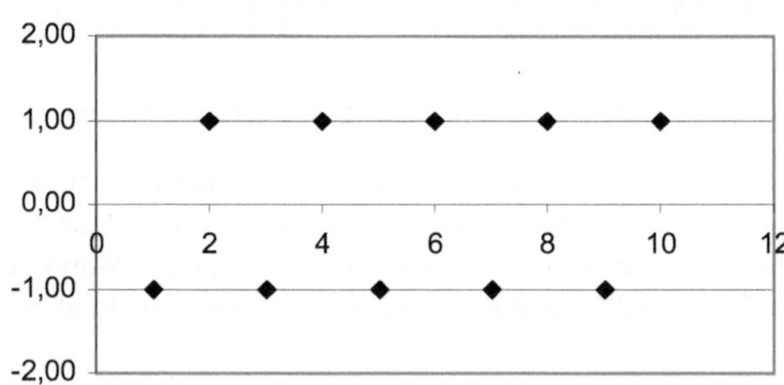

Zwei aufeinander folgende Folgenglieder haben dann jeweils unterschiedliches Vorzeichen, d.h. einmal ein negatives, einmal ein positives Vorzeichen. Bei einer alternierenden Folge gilt demnach $a_n \cdot a_{n+1} \leq 0$.

Beispiel 2.53: Die Folge $(a_n) = ((-1)^n)$, d.h. -1, +1, -1, +1, -1, +1, ... ist alternierend (s. Abbildung 2-5). □

Bemerkung: Eine alternierende Folge stellt einen Spezialfall für eine Folge dar, die nicht monoton ist. Es gibt aber auch Folgen, die weder monoton sind, noch alternieren.

Beispiel 2.54: Die Folge 1, 2, -3, -4, 5, 6, -7, -8, ... ist weder monoton noch alternierend. □

2.4.1.2 Beschränktheit

Definition: Eine Folge (a_n) heißt **nach unten beschränkt**, wenn es eine Zahl $s \in R$ gibt, die von den Folgengliedern nicht unterschritten wird, d.h. $a_n \geq s$ für alle $n \in N$. s heißt dann **untere Schranke**.

Definition: Eine Folge (a_n) heißt **nach oben beschränkt**, wenn es eine Zahl $S \in R$ gibt, die von den Folgengliedern nicht überschritten wird, d.h. $a_n \leq S$ für alle $n \in N$. S heißt dann **obere Schranke**.

Definition: Eine Folge (a_n) heißt **beschränkt**, wenn sie eine untere und eine obere Schranke besitzt, d.h. wenn sie nach unten **und** nach oben beschränkt ist.

Bemerkung: Eine Folge kann mehrere untere oder obere Schranken besitzen. Meist ist es allerdings von Interesse, welche die **größte untere Schranke** bzw. die **kleinste obere Schranke** einer Folge ist.

Beispiel 2.55: Die Folge $(a_n) = (n)$, d.h. 1, 2, 3, 4, ... ist nach unten durch 1 beschränkt. Natürlich ist sie auch durch −1 oder −2 nach unten beschränkt. 1 ist aber die größte untere Schranke. Hier besteht die untere Schranke aus dem ersten Folgenglied. Da die Folge monoton wachsend ist, wird kein Folgenglied kleiner als das erste Folgenglied sein. □

Beispiel 2.56: Die Folge $(a_n) = (2 - 1/n)$, d.h. 1, 3/2, 5/3, 7/4, ... ist nach oben durch 2 beschränkt. Sie ist nach oben auch durch 3 oder 4 beschränkt. 2 ist aber die kleinste obere Schranke (s. Abbildung 2-6). □

Abbildung 2-6: *Folge* $(a_n) = (2 - 1/n)$

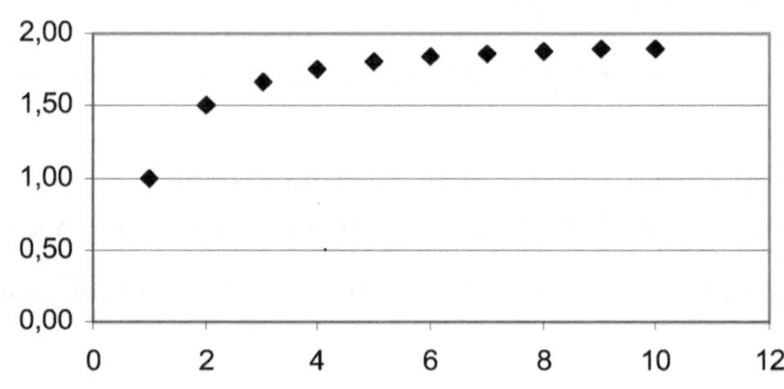

Beispiel 2.57: Die Folge $(a_n) = (1/n)$, d.h. 1, 1/2, 1/3, 1/4, ... ist nach unten durch 0 beschränkt. Da sie monoton fallend ist, ist sie nach oben durch das erste Folgenglied $a_1 = 1$ beschränkt. Die Folge ist also beschränkt. □

2.4.1.3 Konvergenz

Monotonie und Beschränktheit sind bereits für sich genommen wichtige Charakteristika einer Folge und helfen, eine Folge zu beschreiben. Zusätzlich gilt allerdings noch eine wichtige Gesetzmäßigkeit:

Eine monotone und beschränkte Folge ist konvergent.

Was bedeutet die Konvergenz einer Folge? Etwas „unmathematisch" gesprochen bedeutet die Konvergenz einer Folge (a_n), dass es eine Zahl a gibt, der sich die Folgenglieder mit wachsendem Index immer mehr annähern. Diese Zahl nennt man den Grenzwert der Folge und schreibt:

$$a = \lim_{n \to \infty} a_n \quad \text{oder} \quad a_n \underset{n \to \infty}{\to} a \,. \tag{2.32}$$

Eine gegen 0 konvergente Folge heißt eine **Nullfolge**.

Beispiel 2.58: Die Folgenglieder der Folge $(a_n) = (1/n)$, d.h. 1, 1/2, 1/3, 1/4, ... werden mit zunehmendem n immer kleiner, sie nähern sich immer stärker der 0. Die Folge ist eine Nullfolge. □

Beispiel 2.59: Die Folge $(a_n) = (2 - 1/n)$, d.h. 1, 3/2, 5/3, 7/4, ... ist beschränkt und monoton (wachsend). Sie ist damit konvergent. Da die Folge sich immer stärker der 2 nähert, konvergiert sie gegen 2 (s. Abbildung 2-6). □

Abbildung 2-7: *Folge* $(a_n) = (-1)^n (1/n)$

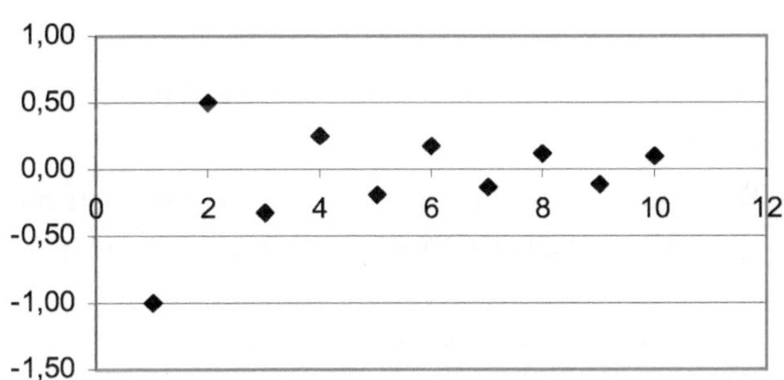

Es gibt allerdings auch Folgen, die nicht monoton sind und dennoch konvergieren.

Beispiel 2.60: Die Folge $(a_n) = (-1)^n (1/n)$, d.h. -1, 1/2, -1/3, 1/4, ... ist zwar alternierend und damit nicht monoton. Sie konvergiert aber dennoch gegen 0 und ist somit ebenfalls eine Nullfolge (s. Abbildung 2-7). □

Definition: Eine Folge (a_n) heißt **divergent**, wenn kein Grenzwert existiert.

Dabei heißt sie **bestimmt divergent**, wenn

$$a_n \underset{n\to\infty}{\to} \infty \quad \text{oder} \quad a_n \underset{n\to\infty}{\to} -\infty. \tag{2.33}$$

Abbildung 2-8: *Folge* $(a_n) = (2^n)$

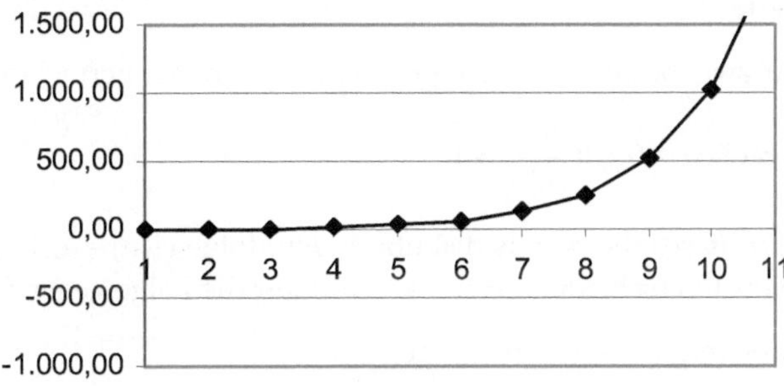

Beispiel 2.61: Die Folge $(a_n) = (2^n)$, d.h. 2, 4, 8, 16, ... strebt mit größer werdendem n gegen $+\infty$. Die Folge ist also bestimmt divergent (s. Abbildung 2-8). □

Eine Folge heißt **unbestimmt divergent**, wenn ein solches Verhalten nicht erkennbar ist.

Beispiel 2.62: Die Folge $(a_n) = (-2)^n$ d.h. -2, 4, -8, 16, ... konvergiert nicht und strebt auch nicht gegen $+\infty$ oder $-\infty$. Die Folge ist also unbestimmt divergent. □

Abbildung 2-9: $Folge\ (a_n) = ((-2)^n)$

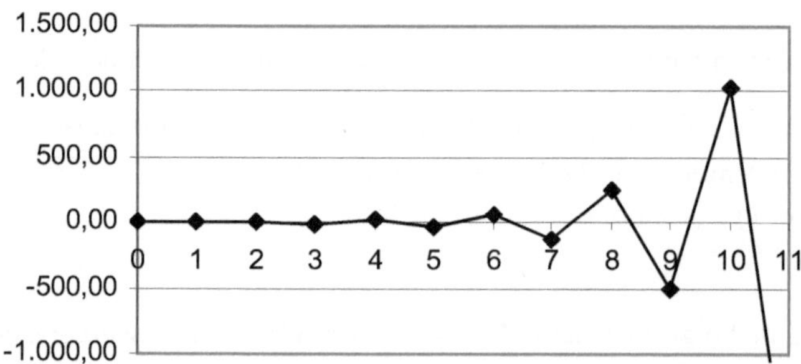

Bemerkung: Die Verbindungslinien dienen nur der Visualisierung. Die Folge besteht nur aus den durch die Quadrate gekennzeichneten Werten an den natürlichen Zahlen.

Wichtige Grenzwerte

Wir wollen hier nur zwei besonders wichtige Grenzwerte näher betrachten:

1. Für jedes reelle $c > 0$ gilt $\dfrac{1}{n^c} \xrightarrow[n \to \infty]{} 0.$ (2.34)

    Für $c = 1$ ist dieses die bereits diskutierte Nullfolge $(1/n)$ = 1, 1/2, 1/3, ... Aber auch für von 1 verschiedene Werte konvergiert die Folge gegen 0.

    Für $c > 1$ konvergiert sie schneller gegen 0.

    Beispiel 2.63: Die Folge $(a_n) = (1/n^2)$, d.h. 1, 1/4, 1/9, 1/16, ... konvergiert schneller gegen 0 als $(1/n)$=1, 1/2, 1/3, ... □

Für $0 < c < 1$ konvergiert $(a_n) = (1/n^c)$ zwar langsamer gegen 0 als $(1/n)$, die Folge stellt aber dennoch eine Nullfolge dar.

Beispiel 2.64: Die Folge $(a_n) = (1/\sqrt{n})$, d.h. $1,\ 1/\sqrt{2},\ 1/\sqrt{3},\ 1/2,...$ konvergiert ebenfalls gegen 0. $\qquad\square$

2.   Es gilt: $\left(1 + \dfrac{x}{n}\right)^n \underset{n \to \infty}{\to} e^x.$ $\hfill (2.35)$

Dieser Grenzwert ist nicht sofort intuitiv verständlich. Fälschlicherweise denkt man als erstes, dass die Klammer für n gegen unendlich gegen 1 strebt und 1 mit einer beliebig hohen Zahl potenziert wieder 1 bleibt. Man muss hier aber beachten, dass die Grenzübergänge nicht getrennt durchgeführt werden dürfen. In Basis und Exponent wird n gleichläufig größer.

Am einfachsten sieht man, dass die Folge gegen einen von 1 verschiedenen Grenzwert konvergiert, wenn man eine Wertetabelle aufstellt.

Beispiel 2.65: Wir stellen eine Wertetabelle der Folge $(1 + x/n)^n$ für den Spezialfall $x = 1$ dar, d.h.

Tabelle 2-2:   *Wertetabelle der Folge $\left((1 + 1/n)^n\right)$*

1	10	100	1.000	10.000	100.000
2,00	2,59	2,70	2,7169	2,7181	2,71827

Für sehr große n ändert sich der Folgenwert nur noch minimal. Die Folge strebt also gegen einen Grenzwert, der ungefähr 2,718 beträgt. Der Grenzwert stellt die Eulersche Zahl e dar, d.h.

$$e = \lim_{n \to \infty}\left(1 + \frac{1}{n}\right)^n. \qquad\qquad\square$$

Auf die mathematische Herleitung der Konvergenz wird hier verzichtet.

2.4.1.4   Rekursive vs. explizite Definition

Die bisher in den Beispielen vorgestellten Folgen waren **explizit** definiert. Es gab eine von n abhängige Bildungsvorschrift. In diese war der Index einzusetzen, um ein gewünschtes Folgenglied zu erhalten. So ist etwa das zehnte Folgenglied der Folge $(a_n) = (1/n)$ nach Einsetzen $a_{10} = 1/10$. Dieses Vorgehen ist meist sehr praktisch, da man die vorhergehenden Folgenglieder nicht kennen muss, um das zehnte oder allgemein das n-te Folgenglied zu berechnen. Die Beziehung zwischen zwei Folgenglie-dern wird dadurch aber nicht deutlich.

Eine andere Möglichkeit der Darstellung ist die **rekursive** Darstellung. Ein Folgen-glied wird in Bezug auf die vorhergehenden berechnet.

Beispiel 2.66: $a_1 = 1$, $a_{n+1} = 2 \cdot a_n + 1$.

Ausgeschrieben ergibt diese Folge

$$a_1 = 1, \quad a_2 = 2 \cdot 1 + 1 = 3, \quad a_3 = 2 \cdot 3 + 1 = 7, \quad a_4 = 2 \cdot 7 + 1 = 15, \ldots \qquad \square$$

Der Vorteil der rekursiven Definition einer Folge liegt darin, dass die Beziehung zwi-schen den Folgengliedern viel offensichtlicher ist als bei der expliziten Definition. Der Nachteil besteht allerdings darin, dass man, um das n-te Folgenglied zu berechnen, erst die (n-1) vorhergehenden Folgenglieder kennen muss. Um zum Beispiel das zehn-te Folgenglied zu berechnen, muss man also erst die ersten 9 Folgenglieder errechnet haben.

2.4.2   Spezielle Folgen

Wir wollen nun zwei in der Finanzmathematik besonders wichtige Folgen kennen lernen.

2.4.2.1   Arithmetische Folge

Definition: Bei einer arithmetischen Folge ist die **Differenz d** zweier benachbarter Folgenglieder **konstant**, d.h.

$$a_{n+1} - a_n = d \,. \tag{2.36}$$

Durch Umformung erhält man die **rekursive Definition** der arithmetischen Folge:

$$a_{n+1} = a_n + d. \tag{2.37}$$

Man kommt bei einer arithmetischen Folge also jeweils von einem zum nächsten Fol-genglied, indem man immer denselben konstanten Betrag hinzuaddiert.

Beispiel 2.67: Die Folge 4, 8, 12, 16, ... ist eine arithmetische Folge, bei der die Diffe-renz d zweier Folgenglieder jeweils 4 beträgt. $\qquad \square$

Beispiel 2.68: Bei welcher Folge ist die Differenz zwischen zwei Folgengliedern jeweils 3?

Lösung: Man denkt meist zuerst an die Folge 3; 6; 9; 12, ... Tatsächlich gibt es aber ja auch andere Folgen, bei denen die Differenz zweier Folgenglieder jeweils 3 ist, z.B. 1; 4; 7; 10; ... oder 2; 5; 8; 11; ... aber natürlich auch 1,5; 4,5; 7,5, ... etc. □

Eine arithmetische Folge ist also nicht durch die alleinige Angabe der konstanten Differenz bestimmt. Zusätzlich ist es notwendig, dass das erste Folgenglied angegeben wird. Mit Angabe des ersten Folgengliedes und der Differenz ist die arithmetische Folge dann vollständig definiert.

Fortführung von Beispiel 2.68: Die Definition der arithmetischen Folge

$$a_1 = 2, \ d = a_{n+1} - a_n = 3$$

ergibt die Folge 2, 5, 8, 11, ... (s. Abbildung 2-10). □

Abbildung 2-10: *Arithmetische Folge* $a_1 = 2, \ d = a_{n+1} - a_n = 3$

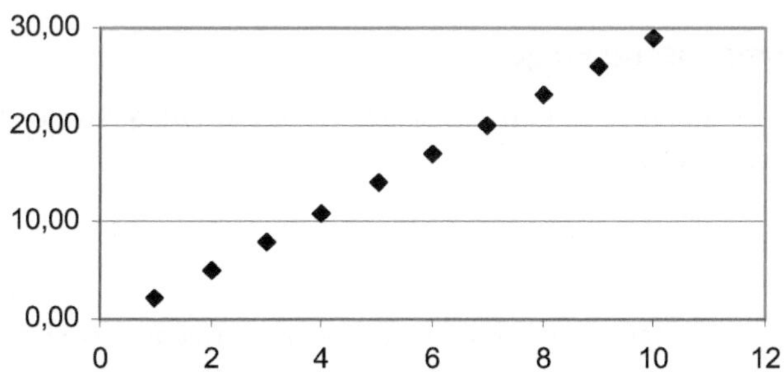

Unter den Funktionen entspricht einer arithmetischen Folge eine lineare Funktion, d.h. eine Gerade. Sie nimmt mit konstanter Steigung immer höhere ($d > 0$) oder immer niedrigere ($d < 0$) Werte an. Die arithmetische Folge konvergiert demnach außer in dem Spezialfall einer konstanten Folge ($d = 0$) nicht.

Bezeichnet man allgemein das erste Folgenglied mit $a_1 = a$, d.h. beginnt man mit der Indizierung bei 1, so ist das zweite Folgenglied demnach $a_2 = a + d$, das dritte $a_3 = a + 2d$, das vierte $a_4 = a + 3d$, etc.

Die **explizite Definition der arithmetischen Folge** lautet demnach bei **Beginn der Indizierung mit 1**:

$$a_1 = a, \ a_n = a + (n - 1) \cdot d. \tag{2.38}$$

Startet man die Indizierung bei 0, so hat man $a_0 = a$, $a_1 = a + d$, $a_2 = a + 2d$, usw. Allgemein gilt für das n-te Folgenglied $a_n = a + n \cdot d$.

Die **explizite Definition der arithmetischen Folge** lautet also bei **Beginn der Indizierung mit 0**:

$$a_0 = a, \quad a_n = a + n \cdot d. \tag{2.39}$$

Ob man die Indizierung mit 0 oder mit 1 beginnt, hängt vom sachlichen Kontext ab.

Beispiel 2.69: Ein Unternehmen macht momentan einen Umsatz von 200 Mio. € im Jahr. Es will seinen Umsatz in den nächsten 10 Jahren um jeweils 30 Mio. € steigern. Wie hoch ist der Umsatz im zehnten Jahr ?

Lösung: Den jetzigen Umsatz bezeichnet man am geschicktesten mit a_0, dann ist der Umsatz im ersten Jahr a_1 und der Umsatz im zehnten Jahr a_{10}. Im zehnten Jahr hat das Unternehmen also einen Umsatz von $a_n = a + n \cdot d$, d.h. von

$$a_{10} = 200 \text{ Mio. } € + 10 \cdot 30 \text{ Mio. } € = 500 \text{ Mio. } €. \qquad \square$$

2.4.2.2   Geometrische Folge

Definition: Bei einer **geometrischen** Folge ist der **Quotient q** zweier benachbarter Folgenglieder **konstant**, d.h.

$$\frac{a_{n+1}}{a_n} = q. \tag{2.40}$$

Durch Umformen erhält man die **rekursive Definition** der geometrischen Folge:

$$a_{n+1} = a_n \cdot q. \tag{2.41}$$

Bei der geometrischen Folge kommt man also jeweils von einem zum nächsten Folgenglied, indem man immer mit demselben konstanten Faktor q multipliziert.

Bezeichnet man allgemein das erste Folgenglied mit $a_1 = a$, d.h. beginnt man mit der Indizierung bei 1, so ist das zweite Folgenglied $a_2 = a \cdot q$, das dritte $a_3 = a \cdot q^2$, etc.

Die **explizite Definition der geometrischen Folge** lautet demnach bei **Beginn der Indizierung mit 1**:

$$a_1 = a, \quad a_n = a \cdot q^{n-1}. \tag{2.42}$$

Startet man die Indizierung bei 0, so hat man $a_0 = a$, $a_1 = a \cdot q$, $a_2 = a \cdot q^2$, usw.

Die **explizite Definition der arithmetischen Folge** lautet somit bei **Beginn der Indizierung mit 0**:

$$a_0 = a, \quad a_n = a \cdot q^n. \tag{2.43}$$

Das **Konvergenzverhalten** der geometrischen Folge hängt vom Faktor q ab, der zwei aufeinander folgende Folgenglieder unterscheidet:

Multipliziert man jeweils mit einem Faktor, der größer als 1 ist, wird der Wert des nächsten Folgengliedes immer größer als der Wert des jetzigen Folgengliedes sein. Die Folge divergiert also (s. Abbildung 2-11).

Abbildung 2-11: *Geometrische Folge a = 3, q = 1,5*

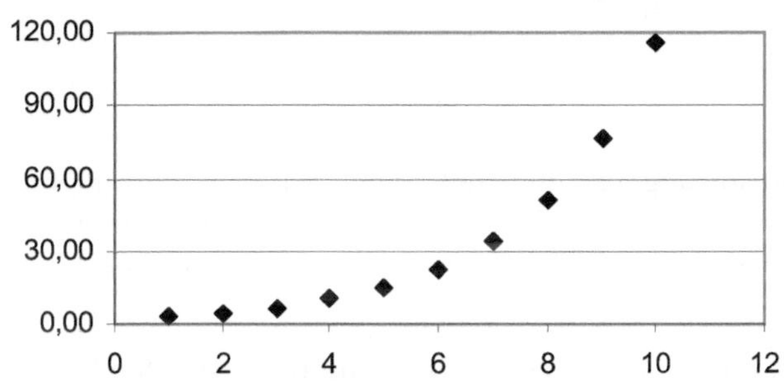

Ist der Faktor kleiner als –1, wird der Betrag des nächsten Folgengliedes immer größer als der Betrag des jetzigen Folgengliedes, die Folge alterniert aber (s. Abbildung 2-9). Die Folge divergiert demnach unbestimmt.

Ist der Betrag des Faktors q kleiner als 1, wird der Betrag des nächsten Folgengliedes immer kleiner sein als der Betrag des aktuellen Folgengliedes. Die Folge konvergiert demnach gegen 0 (s. Abbildung 2-12).

Abbildung 2-12: *Geometrische Folge a = 3, q = 0,5*

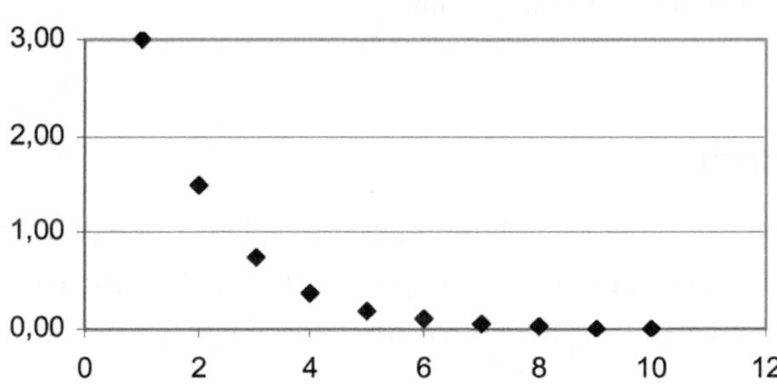

Ist q genau 1, hat man eine konstante Folge, bei der jedes Folgenglied so groß wie das erste Folgenglied ist. Ist q = -1, alterniert die Folge zwischen dem ersten und dem Negativen des ersten Folgengliedes.

Zusammenfassend kann man das Konvergenzverhalten der geometrischen Folge wie folgt beschreiben:

$$a \cdot q^n \underset{n \to \infty}{\to} \begin{cases} 0, & |q| < 1 \\ a, & q = 1 \\ a, -a, a, -a, \ldots & q = -1 \\ \infty, & q > 1 \\ \text{ex. nicht,} & q < -1 \end{cases} \tag{2.44}$$

Beispiel 2.70 (Fortführung von Beispiel 2.69): Das oben betrachtete Unternehmen macht weiterhin einen Umsatz von momentan 200 Mio. € im Jahr. Es will seinen Umsatz nun aber in den nächsten 10 Jahren um jeweils 15% steigern. Wie hoch ist der Umsatz im zehnten Jahr?

Lösung: Wieder bezeichnen wir den jetzigen Umsatz mit a_0, den Umsatz im zehnten Jahr mit a_{10}. Im ersten Jahr macht das Unternehmen einen Umsatz von

$$a_1 = 200 \text{ Mio. } € + 200 \text{ Mio. } € \cdot 0{,}15 = 200 \text{ Mio. } € \cdot 1{,}15 = 230 \text{ Mio. } €.$$

q ist also 1,15. Im ersten Jahr stimmt der Umsatz noch mit dem Umsatz bei der jährlichen Steigerung um 30 Mio. € überein. Im zweiten Jahr findet aber eine erneute Umsatzsteigerung um 15% auf die dann aktuellen 230 Mio. € statt. Es gilt

$$a_2 = 230 \text{ Mio. } € \cdot 1{,}15 = 264{,}50 \text{ Mio. } €.$$

Demnach macht das Unternehmen im zehnten Jahr einen Umsatz von

$$a_n = a \cdot q^n, \text{ d.h. } a_{10} = 200 \text{ Mio. } € \cdot 1{,}15^{10} = 809{,}11 \text{ Mio. } €.$$

Der resultierende Umsatz nach 10 Jahren ist wesentlich höher als bei der Umsatzsteigerung um einen konstanten Betrag pro Jahr. $\qquad\qquad\square$

2.4.3   Reihen

Beispiel 2.71: Betrachten wir noch einmal die Folge $(a_n) = (n)$. Wir haben also $a_1 = 1$, $a_2 = 2$, $a_3 = 3$, usw. Aus dieser ursprünglichen Folge können wir leicht auch eine weitere Folge erzeugen. Wir nennen die neue Folge (S_n). Nun sagen wir, dass $S_1 = a_1 = 1$, also gleich dem ersten Folgenglied der Ausgangsfolge sein soll. S_2 ordnen wir die Summe der ersten beiden Folgenglieder der alten Folge zu. Also gilt

$$S_2 = a_1 + a_2 = 1 + 2 = 3.$$

Das dritte Folgenglied der neuen Folge

$$S_3 = a_1 + a_2 + a_3 = 1 + 2 + 3 = 6$$

besteht aus der Summe der ersten 3 Folgenglieder der Ausgangsfolge. So entsteht also das n-te Folgenglied der neuen Folge (S_n) aus der Summe der ersten n Folgenglieder der Ausgangsfolge, d.h.

$$S_n = \sum_{j=1}^{n} a_j \,. \qquad\qquad \square$$

Dieses Verfahren kann für jede beliebige Ausgangsfolge (a_n) angewandt werden. Auf diese Weise erzeugen wir eine neue Folge. Das einzelne Folgenglied S_n heißt die **Partialsumme**, d.h. Teilsumme der ursprünglichen Folge. Die so entstandene Folge (S_n) heißt **Folge der Partialsummen** oder **(unendliche) Reihe**. Diese Folge kann natürlich wie jede Folge wieder auf Monotonie, Beschränktheit und Konvergenz untersucht werden.

Falls der Grenzwert S der Folge der Partialsummen existiert, so bezeichnen wir die unendliche Reihe als konvergent und schreiben:

$$S = \sum_{j=1}^{\infty} a_j \,. \qquad\qquad (2.45)$$

Fortführung von Beispiel 2.71: Die Folge der Partialsummen, die aus $(a_n) = (n)$ gebildet wurden, d.h. die Folge

$$S_n = \sum_{j=1}^{n} j$$

divergiert. Dieses ist sofort klar, da bereits die Ausgangsfolge $(a_n) = (n)$ divergiert. In diesem Fall existiert kein Grenzwert S. $\qquad\qquad \square$

Ohne die Konvergenz oder Divergenz herzuleiten, wollen wir wichtige Beispiele für Reihen kennen lernen.

Beispiel 2.72: Die **harmonische Reihe**

$$S_n = \sum_{j=1}^{n} \frac{1}{j} = 1 + \frac{1}{2} + \frac{1}{3} + \ldots + \frac{1}{n}$$

divergiert.   □

Beispiel 2.73: Die **alternierende harmonische Reihe**

$$S_n = \sum_{j=1}^{n} (-1)^{j+1}\,\frac{1}{j} = 1 - \frac{1}{2} + \frac{1}{3} - \frac{1}{4} \dots$$

konvergiert.   □

Eine für die Anwendung in der Finanzmathematik und in anderen Gebieten besonders wichtige Reihe ist die **geometrische Reihe**. Die geometrische Reihe entsteht, indem man die Partialsummen der geometrischen Folge (q^n) bildet und den Grenzübergang für $n \to \infty$ betrachtet.

Wir wollen zunächst den Wert der endlichen Partialsumme, d.h. der Summe der ersten n Folgenglieder der geometrischen Reihe bestimmen. Dabei schließen wir das Folgenglied $q^0 = 1$ in die Summe mit ein, so dass die Summe der ersten n Folgenglieder von 0 bis n-1 läuft:

$$S_n = \sum_{j=0}^{n-1} q^j = 1 + q + q^2 + \dots + q^{n-2} + q^{n-1}. \tag{2.46}$$

Um diese Partialsumme berechnen zu können, wenden wir einen „Trick" an und ziehen das q-fache der Partialsumme

$$q \cdot S_n = q \cdot \sum_{j=0}^{n-1} q^j = q + q^2 + \dots q^{n-1} + q^n$$

von der ersten Gleichung ab. Wir erhalten dann

$$S_n - q \cdot S_n = (1 + q + q^2 + \dots + q^{n-1}) - (q + q^2 + \dots + q^{n-1} + q^n) = 1 - q^n.$$

Schreibt man die Summe aus, fallen alle Summanden bis auf den ersten der ursprünglichen Partialsumme und den letzten der mit q multiplizierten Partialsumme weg. Jetzt können wir nach dem gesuchten Wert S_n auflösen und erhalten

$$S_n \cdot (1-q) = 1 - q^n \quad \Leftrightarrow \quad S_n = \frac{1-q^n}{1-q}, \qquad q \neq 1. \tag{2.47}$$

Um eine Division durch 0 zu vermeiden, kann die letzte Umformung nur vorgenommen werden, wenn $q \neq 1$ ist.

Beispiel 2.74: Man bestimme

$$\sum_{j=0}^{2}\left(\frac{1}{2}\right)^{j}.$$

Lösung: Für die Summe von 3 Folgengliedern lässt sich dieses noch einfach „zu Fuß" berechnen, indem man einfach alle 3 Folgenglieder hintereinander aufaddiert. Man erhält

$$S_3 = 1 + \frac{1}{2} + \frac{1}{4} = 1\frac{3}{4}.$$

Durch Anwendung der hergeleiteten Formel lässt sich dieser Wert bestätigen, denn

$$S_3 = \frac{1-q^n}{1-q} = \frac{1-\left(\frac{1}{2}\right)^3}{1-\frac{1}{2}} = \frac{\frac{7}{8}}{\frac{1}{2}} = 2 \cdot \frac{7}{8} = \frac{7}{4} = 1\frac{3}{4}.$$

Da die Summe von 0 bis 2 läuft, ist hier also n-1 = 2. Daraus ergibt sich, dass n = 3 in der Formel zu verwenden ist. $\quad\square$

Hat man die Formel für die Partialsumme hergeleitet, kann man leicht den Wert der unendlichen Reihe bestimmen, indem man einen Grenzübergang der Folge der Partialsummen durchführt.

$$S = \lim_{n\to\infty} S_n = \lim_{n\to\infty} \frac{1-q^n}{1-q} = \frac{1}{1-q}, \qquad |q| < 1. \tag{2.48}$$

Die Folge der Partialsummen konvergiert für $|q| < 1$, da in diesem Fall der Ausdruck q^n gegen 0 konvergiert.

Beispiel 2.75 (Fortführung von Beispiel 2.74): Da 1/2 < 1 ist, beträgt für q = 1/2 der Wert der unendlichen geometrischen Reihe

$$S = \sum_{j=0}^{\infty}\left(\frac{1}{2}\right)^{j} = \frac{1}{1-q} = \frac{1}{1-\frac{1}{2}} = 2. \qquad\square$$

Beispiel 2.76: Man bestimme

$$\sum_{j=0}^{9} 100 \cdot \left(\frac{1}{2}\right)^{j} = 100 + 100 \cdot \frac{1}{2} + 100 \cdot \left(\frac{1}{2}\right)^{2} + \dots + 100 \cdot \left(\frac{1}{2}\right)^{9}.$$

Lösung: Um die hergeleitete Formel (2.47) für den Wert einer geometrischen Reihe anwenden zu können, muss zunächst der konstante Faktor 100 ausgeklammert werden. Dann erhält man

$$\sum_{j=0}^{9} 100 \cdot \left(\frac{1}{2}\right)^{j} = 100 \cdot \sum_{j=0}^{9}\left(\frac{1}{2}\right)^{j} = 100 \cdot \frac{1 - \left(\frac{1}{2}\right)^{10}}{1 - \frac{1}{2}} = 100 \cdot 1{,}99804 = 199{,}804. \qquad \square$$

2.5   Partnerinterview

1. A: Wann können Potenzen addiert werden?

   B: Wie werden Summen potenziert? Nennen Sie ein Beispiel!

2. A: Wann hat eine quadratische Gleichung genau eine Lösung?

   B: Wann hat eine quadratische Gleichung keine reelle Lösung? Wie kann man dieses geometrisch interpretieren?

3. A: Erklären Sie mit Beispiel, wie der Logarithmus eines Bruchs aufgelöst wird!

   B: Erklären Sie mit Beispiel, wie der Logarithmus einer Potenz aufgelöst wird!

4. A: Geben Sie ein Beispiel für eine Summe, die nicht im Text genannt wurde!

   B: Erklären Sie, wie man die ersten 60 natürlichen Zahlen addieren kann!

5. A: Wie kann man eine Potenz (mit einem natürlichen Exponenten) als Produkt schreiben?

   B: Geben Sie ein Beispiel für eine Indexverschiebung bei der Summenberechnung an!

6. A: Nennen Sie ein Beispiel für eine konvergente Folge, das noch nicht im Text genannt wurde!

   B: Nennen Sie ein Beispiel für eine divergente Folge, das noch nicht im Text genannt wurde!

7. A: Nennen Sie ein Beispiel für eine divergierende alternierende Folge!

   B: Nennen Sie ein Beispiel für eine konvergierende alternierende Folge!

8. A: Was ist eine geometrische Folge? Wann konvergiert sie? Nennen Sie ein Beispiel!

   B: Was ist eine arithmetische Folge? Nennen Sie ein Beispiel! Erläutern Sie das Konvergenzverhalten!

9. A: Nennen Sie ein Beispiel für eine Reihe, die keine geometrische Reihe ist!

   B: Was ist eine geometrische Reihe? Nennen Sie ein Beispiel! Wann konvergiert sie? Gegen welchen Wert konvergiert Sie?

2.6   Übungen

1. Vereinfachen Sie folgende Ausdrücke so weit wie möglich:

   a) $16ab^3 + 20a^2b - 8ab^3 + 12a^2b + 3ab^2$

   b) $4x^3y \cdot 6x^2y^2$

   c) $(2x + 3a^2)^2$

2. a) $\ln(e^x)$ b) $\ln(e^2)$ c) $\ln(1)$ d) $\ln(2e^2)$ e) $\ln\left(\dfrac{e^{15}}{e^7}\right)$ f) $\ln\left((e^2)^n\right)$

3. Lösen Sie die folgenden Logarithmusterme mit Hilfe der Logarithmusgesetze auf:

   a) $\log_a\left(\dfrac{b^3 \cdot \sqrt{c}}{d^5 \cdot \sqrt{e^3}}\right)$ b) $\log_a\left(\dfrac{3u \cdot \sqrt{v}}{w^2}\right)$

4. Lösen Sie folgende Gleichungen nach x auf:

   a) $\ln(2x - 3) = \dfrac{1}{2}$ b) $\left(\dfrac{1}{4}\right)^{2x+3} = \left(\dfrac{2}{3}\right)^{3x+4}$

5. Berechnen Sie den Wert der folgenden Summen:

   a) $\displaystyle\sum_{j=1}^{5}(j^2 - 1)$ b) $\displaystyle\sum_{j=3}^{4}\dfrac{1}{j-1}$ c) $\displaystyle\sum_{j=1}^{20}3j$

6. Berechnen Sie den Wert der folgenden Produkte:

   a) $\displaystyle\prod_{j=2}^{4}(j+1)$ b) $\displaystyle\prod_{j=1}^{5}(-1)^j$ c) $\displaystyle\prod_{j=5}^{7}(j-3)^2$

7. Beschreiben Sie die gegebenen Folgen mit den Ihnen bekannten Begriffen:

   a) $\left(\dfrac{2n-1}{2n}\right)_{n\in\mathbb{N}}$ b) $\left(2^n - 1\right)_{n\in\mathbb{N}}$ c) $a_1 = 4,\ a_{n+1} = a_n + 3$

   d) $a_1 = -1,\ a_2 = 2,\ a_{n+1} = a_n \cdot a_{n-1}$.

8. Bestimmen Sie Bildungsvorschriften für die gegebenen Folgen:

   a) 14, 17, 20, 23, ...   b) 2, 6, 18, 54, ...c) 1, $\dfrac{1}{3}$, $\dfrac{1}{9}$, $\dfrac{1}{27}$, $\dfrac{1}{81}$, ...

9. Gegeben sei eine geometrische Folge mit dem Anfangsfolgenglied $a_0 = 5$ und dem konstanten Quotienten $q = 3$. Welchen Wert hat a_3? Welchen Wert hat die geometrische Reihe bei $n = 4$? (Berechnen Sie die Reihe auf zwei verschiedene Arten!)

10. Berechnen Sie die Werte der folgenden Partialsummen und unendlichen Reihen:

   a) $\displaystyle\sum_{j=0}^{\infty}\left(\frac{1}{3}\right)^{j}$ b) $\displaystyle\sum_{j=0}^{\infty}\left(\frac{3}{5}\right)^{j}$ c) $\displaystyle\sum_{j=0}^{5}\left(\frac{1}{2}\right)^{j}$.

11. Denken Sie sich zur Einübung des Gelernten auch eigene Aufgaben aus!

3 Zinsrechnung

3.1 Lernziele

Dieses Kapitel führt in die grundlegenden Modelle und Methoden der Zinsrechnung ein. Nach Bearbeitung des Kapitels sollte der Leser in der Lage sein,

- den Endwert eines Kapitals bei einer Verzinsung über eine Periode zu bestimmen,

- den Barwert bei einer Verzinsung über eine Periode zu berechnen und seine Bedeutung zu erklären,

- zu erläutern, was man unter Auf- und Abzinsen versteht,

- die beiden Zinsmodelle der linearen und der geometrischen Verzinsung bei mehreren Perioden zu erklären,

- zu erläutern, in welchen Fällen die geometrische und die lineare Verzinsung verwendet werden,

- bei der geometrischen und der linearen Verzinsung End- und Barwert zu bestimmen,

- unterschiedliche Zinstagemethoden anzuwenden,

- zu definieren, was konforme Zinssätze sind,

- zu erklären, warum der linear proportionale Zinssatz bei linearer Verzinsung konform zum Jahreszinssatz ist,

- zu erläutern, warum der linear proportionale Zinssatz bei geometrischer Verzinsung nicht konform zum Jahreszinssatz ist,

- den geometrisch proportionalen Zinssatz zu bestimmen,

- zu definieren, was ein Effektivzinssatz ist und den Unterschied zum Nominalzinssatz zu erläutern,

- den Effektivzinssatz über eine Excelkalkulation und formal zu bestimmen,

- das Konzept der stetigen Verzinsung zu erklären,

- den Endwert eines Kapitals bei stetiger Verzinsung zu berechnen.

3.2 Einführung

Beispiel 3.1: Sie wollen in 50 Jahren über 100.000 € verfügen. Ihnen ist es gelungen, bei einer Anlage auf einem Sparbuch einen Jahreszinssatz von 6% für die gesamte Zeitspanne zu fixieren. Die Zinsen werden jeweils am Ende des Jahres gezahlt.

■ Schätzen Sie einmal! Welchen Betrag müssen Sie wohl heute anlegen, um in 50 Jahren über 100.000 € zu verfügen?

■ Wenn Sie 100 Jahre warten könnten, welchen Betrag müssten Sie dann heute anlegen?

■ Wie sähe die Situation bei einem Jahreszinssatz von 3% aus?

Lösung: 100.000 € sind ein hoher Betrag. Wenn wir schätzen sollen, wie viel Geld angelegt werden muss, um diesen Endbetrag in 50 Jahren zu erzielen, tun wir das meist völlig unabhängig vom Zinssatz. Wir setzen den Betrag relativ hoch an, z.B. bei 25.000 € oder sogar bei 50.000 €. Dieses resultiert einmal daraus, dass wir kein Gefühl für lange Zeiträume haben, da unsere Erfahrungen sich auf kürzere Zeitspannen beziehen. Zum anderen können wir den Zinseszinseffekt, der sich bei der Anlage auf Sparbüchern oder ähnlichen Anlageformen ergibt, nicht gut einschätzen.

■ Tatsächlich muss man nur 5.428,84 € anlegen, um nach 50 Jahren bei einer Verzinsung zu 6% Jahreszinsen inklusive der Zinseszinsen 100.000 € zu erhalten.

■ Um bei einer Laufzeit von 100 Jahren und einem Zinssatz von 6% pro Jahr 100.000 € zu erzielen, müsste man heute sogar nur 294,72 € anlegen.

■ Bekommen Sie für Ihre Sparanlage nur 3% Zinsen im Jahr, d.h. nur den halben Zinssatz, sieht die Situation etwas anders aus. Bei einer Laufzeit von 50 Jahren müssten Sie 22.810,71 € anlegen, um schließlich über 100.000 € zu verfügen, also gut das Vierfache des Betrages, den Sie bei einem Jahreszinssatz von 6% anlegen.

■ Bei einem Jahreszinssatz von 3% und einer Laufzeit von 100 Jahren, müssen Sie immerhin 5.203,28 € anlegen, d.h. mehr als das Siebzehnfache des Betrages, den Sie beim doppelten Zinssatz zur Erzielung des gleichen Endwertes von 100.000 € einzahlen müssen. □

Das Beispiel zeigt zwei Aspekte:

1. Der anzulegende Betrag zur Erreichung eines gewünschten Zielkapitals hängt sehr stark von dem Zinssatz ab, der für die Anlage gewährt wird.

2. Bei der Rechnung mit Zinseszinsen ist das „Überschlagen im Kopf" relativ schwierig. Daher ist es um so wichtiger, zu wissen, wie man die Kapitalentwicklung im Laufe der Zeit rechnerisch bestimmen kann. Die dazu erforderlichen Methoden wollen wir im Folgenden kennen lernen.

3.3 Begriffe

Wenn ein **Geldgeber (Gläubiger)** einem **Geldnehmer (Schuldner)** ein Kapital ausleiht, so erwartet er natürlich einerseits, dass sein Kapital nach einer bestimmten Laufzeit zurückgezahlt wird. Zum anderen fordert er für die Überlassung des Kapitals ein Entgelt, eine Art Nutzungsgebühr (ähnlich einer Miete), für das Kapital. Diese Nutzungsgebühr nennt man die **Zinsen** auf das Kapital.

Die Zeitpunkte, an denen die Zinsen fällig werden, heißen **Zinszahlungstermine** oder einfach nur **Zinstermine**[18]. Zwischen zwei Zinszahlungsterminen liegt eine **Zinsperiode**. Die Länge der Zinsperiode variiert von Finanzprodukt zu Finanzprodukt. Während beim traditionellen **Sparbuch** die Zinsperiode üblicherweise **ein Jahr** lang ist, beträgt sie bei **Tagesgeldkonten** je nach Bank einen Monat, ein Vierteljahr, d.h. ein **Quartal** oder ebenfalls ein Jahr. Bei **Baufinanzierungskrediten** werden meist Zinsperioden von einem **Monat** Länge vereinbart.

Sind die Zinsen am Ende einer Zinsperiode fällig, so handelt es sich um eine **nachschüssige** Verzinsung, sind sie am Anfang der Zinsperiode fällig, um eine **vorschüssige** Verzinsung. Wir werden hier nur die nachschüssige Verzinsung betrachten, die auch in der Praxis im Finanzbereich die größte Rolle spielt.

Des weiteren gehen wir davon aus, dass eingezahltes oder ausbezahltes Kapital sofort zinswirksam wird. In der Praxis ist dieses nicht unbedingt der Fall. Die Valutierung, d.h. die Wertstellung, erfolgt in der Regel später. Bei Wertpapieren erfolgt die Valutierung z.B. meist zwei Bankarbeitstage nach Abschluss des Geschäfts. Diese eher technischen Regelungen sind für das allgemeine Verständnis aber nicht relevant. Ebenso achten wir nicht darauf, ob ein Zinszahlungstermin auf einen Bankarbeitstag oder einen Feiertag oder ein Wochenende fällt. Zinszahlungstermine betrachten wir immer als am kalendermäßigen Ende einer Periode liegend, so z.B. am 31.12. bei jährlicher Zinszahlung, etc.

Zinsen werden üblicherweise als Jahreszinsen mit der Spezifizierung „p.a." (per annum) angegeben. Weitere, aber selten verwendete Bezeichnungen, sind „p.Q." (pro Quartal) und „p.M." (pro Monat).[19]

---

[18] In der finanzmathematischen Literatur wird bisweilen auch der Begriff „Zinszuschlagstermin" verwendet. Die Begriffe „Zinszahlungstermin" und „Zinstermin" sind in der praktischen Anwendung aber geläufiger.

[19] S. *Martin*, 2003, S. 29.

3.4 Verzinsung über eine Periode

Wir bezeichnen das **Kapital** als K. Der Zeitpunkt, zu dem der Wert des Kapitals betrachtet wird, wird mit einem Index j notiert. Somit steht K_0 für das Kapital zum Zeitpunkt 0, d.h. zum Beginn der Verzinsung. Den **Endwert** des Kapitals, d.h. den Wert des Kapitals **nach Ablauf einer Zinsperiode**, nennen wir K_1. Der Zinssatz wird mit i, vom englischen „interest rate", bezeichnet.

In Textdarstellungen wird meist ein Prozentsatz zur Berechnung der Zinsen angegeben, z.B. ein Jahreszinssatz von 5%. Dieses bezeichnet man in der Literatur häufig als Zinsfuß. Dem Zinsfuß von 5% entspricht dann ein Zinssatz von 0,05. Wir werden hier aber durchgehend von „Zinssatz" sprechen und im Text vorwiegend die Prozentdarstellung, in Abkürzungen und in Rechnungen die Schreibweise als Dezimalzahl verwenden.

Beispiel 3.2: Sie legen heute 1.000 € zu einem Zinssatz von 5% p.a. auf einem Sparbuch an. Über welchen Betrag verfügen Sie nach einem Jahr?

Lösung: Nach einem Jahr erhalten Sie 50 € Zinsen, d.h. 5% p.a. von 1.000 €. Zusätzlich erhalten Sie Ihr Kapital zurück. Insgesamt haben Sie nach einem Jahr also

$$K_1 = 1.000 \; € + 0{,}05 \cdot 1.000 \; € = 1.000 \; € + 50 \; € = 1.000 \; € \cdot 1{,}05 = 1.050 \; €$$

auf Ihrem Sparbuch. □

Allgemein erzielt man bei Anlage eines Kapitals K_0 bei einem Jahreszinssatz i nach einem Jahr also

$$K_1 = K_0 + i \cdot K_0 = K_0 \cdot (1 + i) \, . \tag{3.1}$$

Der Faktor (1+i) heißt **Aufzinsungsfaktor**. Bei Multiplikation des Kapitals mit diesem Faktor, d.h. bei Verzinsung des Kapitals für eine Periode, erhält man den **Endwert** K_1 des Kapitals. Der Aufzinsungsfaktor (1+i) wird auch mit q bezeichnet, d.h. q = 1+i.

Beispiel 3.3: (Fortführung von Beispiel 3.2): Sie bekommen weiterhin einen Zinssatz von 5% p.a. auf Ihrem Sparbuch. In einem Jahr möchten Sie über 2.100 € verfügen. Welchen Betrag müssen Sie heute anlegen?

Lösung: Die Situation hat sich jetzt umgekehrt. Sie kennen den Endwert K_1 Ihres Kapitals und wollen den heutigen Wert K_0 bestimmen. Dieses nennt man den **Barwert** der 2.100 €, die Sie in einem Jahr erhalten. Es gilt:

$$K_1 = K_0 \cdot 1{,}05 = 2.100\ \text{€} \quad \Rightarrow \quad K_0 = \frac{2.100\ \text{€}}{1{,}05} = 2.000\ \text{€}\ . \qquad \square$$

Indem man durch den Aufzinsungsfaktor dividiert, erhält man den Wert des Kapitals zum Beginn der Verzinsung, den **Barwert**. Diesen Vorgang bezeichnet man als **Abzinsen** oder **Diskontieren**. Der Faktor

$$d = \frac{1}{1{,}05} = 0{,}9523$$

heißt **Diskontfaktor.** $\qquad \square$

Allgemein errechnet sich der Barwert aus dem Endwert nach einer Periode über

$$K_0 \cdot (1 + i) = K_1 \quad \Rightarrow \quad K_0 = \frac{K_1}{(1 + i)} = \frac{K_1}{q} = K_1 \cdot d\ . \tag{3.2}$$

Dabei ist der Diskontfaktor d der Kehrwert des Aufzinsungsfaktors q, d.h.

$$d = \frac{1}{q}\ . \tag{3.3}$$

3.5 Verzinsung über mehrere Perioden

Betrachtet man die Verzinsung über mehr als eine Periode, so hängt der Verlauf der Kapitalwerte davon ab, in welcher Form die Zinsen gezahlt werden. Man unterscheidet zwischen zwei verschiedenen Zinsmodellen, der **linearen (einfachen)** und der **geometrischen Verzinsung**.

Wir beginnen hier mit der geometrischen Verzinsung, da sie den meisten Lesern aus eigenen Erfahrungen mit Finanzprodukten, wie z.B. dem Sparbuch, eher bekannt ist.

3.5.1 Notationen

Der Wert des Kapitals zu Beginn der Verzinsung sei weiterhin K_0. Nach Ablauf der j-ten Zinsperiode hat das Kapital den Kapitalwert K_j angenommen. Der Zinssatz der j-ten Periode werde mit i_j, die in der j-ten Periode gezahlten Zinsen mit Z_j bezeichnet. Ist der Zinssatz für alle betrachteten Perioden konstant, so gilt $i_j = i$ für alle Zinsperioden und der Index j wird nicht mitgeführt.

Die Verzinsung erfolgt über eine Laufzeit von n Perioden. Die häufigste Periodenlänge beträgt ein Jahr, n bezeichnet demnach meist die Anzahl der Jahre, für die ein Kapital angelegt oder aufgenommen wird. Oft muss man jedoch auch kürzere Zinsperioden betrachten. Man spricht dann von einem **verfeinerten Zinsmodell**[20]. In einem solchen verfeinerten Zinsmodell wird eine Zinsperiode von m feineren Zinsperioden gebildet. Man erhält dann ein nm-Periodenmodell.

Beispiel 3.4: Bei Tagesgeldkonten der ABC-Bank werden quartalsweise Zinsen gezahlt. Sabine legt ihr Geld für 3 Jahre an. Es werden hier also n = 3 Jahre betrachtet. Jedes Jahr hat m = 4 Quartale. Insgesamt erhält sie eine Verzinsung über $n \cdot m = 3 \cdot 4 = 12$ Perioden.   □

In diesem Lehrbuch werden die meisten Formeln für ganzjährige Laufzeiten n hergeleitet. Diese können aber leicht auch für verfeinerte Modelle umgestellt werden.

3.5.2 Geometrische Verzinsung

Bei vielen klassischen Finanzanlagen erfolgt die Gutschrift der Zinsen jeweils am Ende einer Zinsperiode, z.B. auf einem Sparbuch am Ende des Jahres oder bei einem Tagesgeldkonto je nach Bank am Ende jedes Quartals oder am Ende jedes Monats. Die so gutgeschriebenen Zinsen erbringen in der nächsten Zinsperiode wieder Zinsen, die so genannten **Zinseszinsen**, usw. Diese Art der Verzinsung bezeichnet man als **Verzinsung mit Zinseszinsen, exponentielle** oder **geometrische Verzinsung**. Wir werden sehen, dass das Kapital in Form einer geometrischen Folge anwächst.

Lernhinweis: Zur Wiederholung der geometrischen Folge siehe Kapitel 2 „Mathematische Grundlagen".

3.5.2.1 Endwertberechnung bei konstantem Zinssatz

Beispiel 3.5: Sie haben am 1.1.2002 einen Betrag von 1.000 € auf ein Festgeldkonto eingezahlt. Auf dem Konto galt für 3 Jahre ein Zinssatz von 3% p.a. Wie hat sich Ihr Kapital entwickelt?

Lösung: Nach einem Jahr haben Sie 3% Zinsen für Ihr Anfangskapital erhalten. Dieses erhöhte sich so auf 1.030 €. Nach dem zweiten Jahr bekamen Sie also bereits Zinsen für 1.030 €. Diese machten 30,90 € aus, d.h. die Zinsen auf die Zinsen des Vorjahres, die so genannten Zinseszinsen, betrugen 90 Cent.

Am Ende der 3 Jahre hatten Sie 1.092,73 € zur Verfügung. Ohne Zinseszinsen hätten Sie pro Periode 30 €, also insgesamt 90 € bekommen. Bei der Berechnung von Zinseszinsen haben Sie 2,73 € mehr erhalten.

---

[20] Z.B. *Martin*, 2003, S. 31 ff.

Datum	Kapital
01.01.2002	1.000,00 €
31.12.2002	1.030,00 €
31.12.2003	1.060,90 €
31.12.2004	1.092,73 €

Tabelle 3-1:   *Kapitalentwicklung bei Einzahlung von 1.000 € (i = 3% p.a.) auf einem Festgeldkonto*

□

Legt man allgemein zu Beginn der Laufzeit ein Kapital K_0 an, so bekommt man nach einer Periode $Z_1 = K_0 \cdot i$ Zinsen. Dieses wird dem Kapital gutgeschrieben, so dass sich der Kontostand auf

$$K_1 = K_0 + Z_1 = K_0 + K_0 \cdot i = K_0 \cdot (1+i) = K_0 \cdot q$$

beläuft. Das Kapital wurde also mit dem Faktor $q = (1+i)$ aufgezinst.

In der zweiten Periode wird nun $K_1 = K_0 \cdot (1+i) = K_0 \cdot q$ weiter verzinst. Dieses wird wiederum mit $q = (1+i)$ aufgezinst, so dass sich nach der zweiten Periode der Kontostand durch Einsetzen als

$$K_2 = K_1 + Z_2 = K_1 + K_1 \cdot i = K_1 \cdot (1+i) = K_0 \cdot (1+i) \cdot (1+i) = K_0 \cdot (1+i)^2 = K_0 \cdot q^2$$

ergibt. Das Aufzinsen über zwei Perioden entspricht also dem Multiplizieren mit dem Quadrat des Aufzinsungsfaktors q.

Auf diese Weise lässt sich die Entwicklung des Kapitalwertes weiter verfolgen bis nach n Perioden der Kapitalwert auf

$$K_n = K_{n-1} + Z_n = K_{n-1} \cdot (1+i) = K_0 \cdot (1+i)^{n-1} \cdot (1+i) = K_0 \cdot (1+i)^n = K_0 \cdot q^n \qquad (3.4)$$

angewachsen ist. Die Kapitalwerte $K_0, K_1, K_2, \ldots$ stellen also eine geometrische Folge dar.

Beispiel 3.6 (Fortführung von Beispiel 3.5): In Beispiel 3.5 hatten Sie 1.000 € für 3 Jahre zu einem Zinssatz von 3% p.a. angelegt. Der Endwert kann hier auch berechnet werden, ohne den Wert nach dem ersten und dem zweiten Jahr aufzulisten. Man erhält dann

$$K_3 = K_0 \cdot (1+i)^3 = 1.000 \; € \cdot 1{,}03^3 = 1.092{,}73 \; €.$$

□

3.5.2.2   Barwertberechung bei konstantem Zinssatz

Hat man umgekehrt den Endwert nach n Perioden bereits gegeben und interessiert sich für den Barwert, d.h. das Kapital, das angelegt werden muss, um den Endwert nach n Perioden zu erzielen, so ergibt sich dieser durch Umformung aus

$$K_n = K_0 \cdot q^n \qquad \text{zu} \qquad K_0 = \frac{K_n}{q^n}. \tag{3.5}$$

Der Barwert entsteht aus dem Endwert durch Abzinsung mit dem Faktor $1/q^n$.

Beispiel 3.7: Sie wollen zum Beginn ihrer Berufslaufbahn in 4 Jahren einen Pkw kaufen und sind bereit, dafür 20.000 € zu investieren. Welchen Betrag müssen Sie heute anlegen, wenn Sie für 4 Jahre einen konstanten Zinssatz von 3,5% p.a. von der Bank erhalten?

Lösung: Es ist der Barwert der 20.000 €, die Sie in 4 Jahren benötigen, zu bestimmen. Dieser beläuft sich auf

$$K_0 = \frac{K_4}{q^4} = \frac{20.000 \ \text{€}}{1,035^4} = 17.428,85 \ \text{€}.$$

Sie müssten heute einmalig 17.428,85 € anlegen.

Lernhinweis: Wenn Sie diesen Betrag nicht einmalig anlegen können, lesen Sie im Kapitel 6 „Rentenrechnung" nach, welchen Betrag Sie über mehrere Perioden anlegen müssen, um nach 4 Jahren 20.000 € zur Verfügung zu haben.   □

3.5.2.3   Endwertberechnung bei unterschiedlichen Zinssätzen pro Periode

In der Praxis schwanken die Zinsen im Zeitablauf. Je nach Anlage- oder Kreditform wird diese Variation der Zinsen an den Bankkunden weitergegeben.

Beispiel 3.8 (Fortführung von Beispiel 3.5): Ein Freund von Ihnen hat am 1.1.2002 einen Betrag von ebenfalls 1.000 € auf einem Tagesgeldkonto mit jährlichen Zinszahlungsterminen angelegt. Die Bank zahlt als Zinssatz den 12-Monats-Euribor. Am Zinsfestsetzungstermin für das Jahr 2002 betrug dieser 3,63%, für das Jahr 2003 2,73%, zu Beginn des Jahres 2004 belief er sich auf 2,28%. Über welchen Betrag hat Ihr Freund am Ende des dritten Jahres verfügt?

Lösung: Über eine Exceltabelle kann man leicht den Endwert nach 3 Jahren bestimmen.

Tabelle 3-2: *Verzinsung über 3 Jahre bei unterschiedlichen Zinssätzen*

Datum	Relevanter Zinssatz	Kapital
01.01.2002	-	1.000,00 €
31.12.2002	3,63%	1.036,30 €
31.12.2003	2,73%	1.064,59 €
31.12.2004	2,28%	1.088,86 €

Die angelegten 1.000 € haben sich im ersten Jahr mit einem Zinssatz von 3,63% zu 1036,30 € verzinst. Dieser Betrag wurde dann im zweiten Jahr mit 2,73% verzinst, so dass Ihr Freund am Ende des zweiten Jahres $1.036,30\ €\cdot 1,0273 = 1.064,59\ €$ auf dem Konto hatte. Nach einer weiteren Verzinsung mit 2,28% hat Ihr Freund am Ende des dritten Jahres über 1.088,86 € verfügt. □

Allgemein erhält man bei Anlage eines Kapitals K_0 zu Beginn der Laufzeit nach einer Periode $Z_1 = K_0 \cdot i_1$ Zinsen, so dass sich der Kontostand auf

$$K_1 = K_0 \cdot (1 + i_1) = K_0 \cdot q_1$$

erhöht.

In der zweiten Periode wird $K_1 = K_0 \cdot (1 + i_1) = K_0 \cdot q_1$ weiter verzinst. Dieses wird nun aber mit $q_2 = (1 + i_2)$ verzinst. Nach der zweiten Periode hat man also einen Kapitalwert von

$$K_2 = K_1 + Z_2 = K_1 + K_1 \cdot i_2 = K_1 \cdot (1 + i_2) = K_0 \cdot (1 + i_1) \cdot (1 + i_2) = K_0 \cdot q_1 \cdot q_2\,.$$

Der Aufzinsungsfaktor für 2 Perioden beträgt daher $q_{(2)} = q_1 \cdot q_2 = (1 + i_1) \cdot (1 + i_2)$.

Nach n Perioden ist der Kapitalwert schließlich auf

$$K_n = K_{n-1} + Z_n = K_{n-1} \cdot (1 + i_n) = K_0 \cdot (1 + i_1) \cdot (1 + i_2) \cdot \ldots \cdot (1 + i_n) = K_0 \cdot q_1 \cdot q_2 \cdot \ldots \cdot q_n \qquad (3.6)$$

angewachsen.

Der allgemeine Aufzinsungsfaktor $q_{(n)}$ für n Perioden bei unterschiedlichen Zinssätzen pro Periode beträgt so

$$q_{(n)} = q_1 \cdot q_2 \cdot \ldots \cdot q_n = (1 + i_1) \cdot (1 + i_2) \cdot \ldots \cdot (1 + i_n)\,. \qquad (3.7)$$

Sind alle Zinssätze konstant, gilt also $i_1 = i_2 = \ldots = i_n$, so ergibt sich als Spezialfall wieder

$$q_{(n)} = (1+i) \cdot (1+i) \cdot \ldots \cdot (1+i) = (1+i)^n = q^n \, . \tag{3.8}$$

Beispiel 3.9 (Fortführung von Beispiel 3.8): Der Endwert der auf dem Tagesgeldkonto angelegten 1.000 € nach 3 Jahren kann auch ohne Excel-Tabelle berechnet werden. Man erhält

$$K_3 = K_0 \cdot (1+i_1) \cdot (1+i_2) \cdot (1+i_3) = 1.000 \text{ €} \cdot 1{,}0363 \cdot 1{,}0273 \cdot 1{,}0228 = 1.088{,}86 \text{ €.} \qquad \square$$

3.5.2.4   Barwertberechung bei unterschiedlichen Zinssätzen pro Periode

Wiederum kann man durch Umkehrung der Operationen auch den Barwert K_0 eines gegebenen Endwerts K_n berechnen. Dieser ergibt sich bei unterschiedlichen Zinssätzen pro Periode zu

$$K_0 = \frac{K_n}{(1+i_1) \cdot (1+i_2) \cdot \ldots \cdot (1+i_n)} = \frac{K_n}{q_1 \cdot q_2 \cdot \ldots \cdot q_n} = \frac{K_n}{q_{(n)}} \, . \tag{3.9}$$

Beispiel 3.10: Sie gehen am 1.1.2005 einen Sparplan mit einer Laufzeit von 6 Jahren und einem aufsteigenden Zinssatz ein. Für das erste Jahr bekommen Sie 2,7% p.a. Alle 2 Jahre erhöht sich der Zinssatz um einen halben Prozentpunkt. Am Ende der Laufzeit wollen Sie über 5.000 € verfügen. Welchen Betrag müssen Sie heute anlegen?

Lösung: Der Barwert des gegebenen Endwerts von 5.000 € beträgt unter Berücksichtigung der unterschiedlichen Zinssätze von 2,7% p.a. im ersten und zweiten, 3,2% p.a. im dritten und vierten und 3,7% p.a. im fünften und sechsten Jahr

$$K_0 = \frac{K_n}{(1+i_1) \cdot (1+i_2) \cdot \ldots \cdot (1+i_6)} = \frac{5.000 \text{ €}}{1{,}027^2 \cdot 1{,}032^2 \cdot 1{,}037^2} = 4.139{,}16 \text{ €.}$$

Sie müssten also heute 4.139,16 € anlegen, um nach 6 Jahren 5.000 € angespart zu haben. $\qquad \square$

3.5.3   Lineare (einfache) Verzinsung

Lineare oder **einfache Verzinsung** liegt dann vor, wenn pro Periode nur auf das zu Beginn eingezahlte Kapital Zinsen berechnet werden, nicht aber auf die bereits erhaltenen Zinsen. Diese Verzinsung ist für einen Bankkunden in der Praxis bei mehreren Zinszahlungsterminen nicht relevant, da es üblich ist, Zinseszinsen auf bereits aufgelaufene Zinsen zu berechnen.

In der Literatur werden als Beispiele für die einfache Verzinsung Wertpapiere angeführt, bei denen die Zinsen nicht dem Kapital zugefügt werden, sondern an den Inhaber des Wertpapiers, den Gläubiger, ausgezahlt werden, so dass der dem Schuldner zur Verfügung stehende Betrag jeweils gleich hoch bleibt.

Beispiel 3.11: Herr Schmidt kauft eine Unternehmensanleihe mit einem Nominalbetrag von 10.000 €, 5 Jahren Laufzeit und einem Nominalzinssatz von 4% p.a. Ihm werden nun jährlich die Zinsen in Höhe von $Z = 10.000\ € \cdot 0{,}04 = 400\ €$ ausgezahlt. Am Ende der 5 Jahre bekommt er die investierten 10.000 € sowie die Zinsen für das letzte Jahr ausgezahlt, d.h. im fünften Jahr erhält er 10.400 €. Herr Schmidt bekommt also insgesamt

$$400\ € + 400\ € + 400\ € + 400\ € + 10.400\ € = 10.000\ € + 5 \cdot 400\ € = 12.000\ €.$$

Die Argumentation lautet nun, dass Herrn Schmidts Kapital sich linear verzinst, da er pro Jahr nur Zinsen für die investierten 10.000 € erhält, aber keine Zinsen auf die zuvor erhaltenen Zinsen.

An dieser Stelle ist allerdings darauf hinzuweisen, dass die 400 €, die Herr Schmidt nach dem ersten Jahr erhält, wieder angelegt werden und so am Ende der 5 Jahre auch mehr als 400 € wert sein könnten. Genauso kann mit den anderen Zahlungen während der Laufzeit verfahren werden (s. auch Kapitel 4 „Barwertprinzip").

Man erhält dann ein Beispiel für die lineare Verzinsung, wenn Herr Schmidt das Geld, das er während der Laufzeit von den erhaltenen Zinsen bekommt, zu Hause unters Kopfkissen legt oder auf einem Konto mit 0% p.a. Verzinsung anlegt. Dann hat er nach 5 Jahren tatsächlich 12.000 € zur Verfügung. □

Dieses Verhalten von Herrn Schmidt wäre zwar nicht sehr rational, kommt aber natürlich vor und stellt eine praktische Anwendung für die lineare Verzinsung über mehrere Jahre dar. Wir wollen es im Hinterkopf behalten, wenn wir bei der Einführung der linearen Verzinsung zunächst ebenfalls von einer Verzinsung ausgehen, die sich über mehrere Zinsperioden erstreckt. Dieses erfolgt aus didaktischen Gründen.

Die eigentliche Anwendung der linearen Verzinsung liegt aber in der Verzinsung über Bruchteile von Zinsperioden, z.B. der Verzinsung für Bruchteile von Jahren bei jährlichen Zinszahlungsterminen, der so genannten **unterjährigen Verzinsung**. Wir werden später darauf zurück kommen. Wir beginnen mit der linearen Verzinsung über n Zinsperioden.

3.5.3.1   Lineare Verzinsung über n Perioden

Wir gehen zunächst von einem konstanten Zinssatz i für n Zinsperioden aus. Legt man ein Kapital K_0 für n Perioden an, so bekommt man bei der linearen Verzinsung die

Zinsen pro Periode ausbezahlt. Da diese den Kapitalwert nicht erhöhen und sie so keine Zinseszinsen erwirtschaften, erzielt man also nach n Jahren einen Endwert von

$$K_n = K_0 + \sum_{j=1}^{n} Z = K_0 + \sum_{j=1}^{n} K_0 \cdot i = K_0 \cdot (1 + n \cdot i). \qquad (3.10)$$

Bei unterschiedlichen Zinssätzen i_j pro Periode ist der Zinsertrag Z_j pro Periode verschieden hoch und man erhält

$$K_n = K_0 + \sum_{j=1}^{n} Z_j = K_0 + \sum_{j=1}^{n} K_0 \cdot i_j = K_0 \cdot (1 + i_1 + \dots + i_n). \qquad (3.11)$$

Beispiel 3.12: Frau Meier legt 2.000 € für 4 Jahre an. Das Kapital verzinst sich linear. Dabei erhält sie im ersten Jahr 3% p.a., im zweiten und dritten Jahr 4% p.a. und im vierten Jahr 3,5% p.a. Welchen Betrag hat sie nach 4 Jahren angespart?

Lösung: Nach 4 Jahren verfügt Frau Meier über

$$K_4 = K_0 \cdot (1 + i_1 + i_2 + i_3 + i_4) = 2.000 \ € \cdot (1 + 0{,}03 + 2 \cdot 0{,}04 + 0{,}035) = 2.290 \ €. \qquad \square$$

3.5.3.2 Verzinsung innerhalb einer Zinsperiode

Die eigentliche Praxisrelevanz erreicht die lineare Verzinsung, wenn das Kapital für einen Bruchteil einer Zinsperiode verzinst wird. Dieses tritt ein, wenn das Kapital an einem Termin ein- oder ausgezahlt wird, der kein Zinszahlungstermin ist. Die Zeit von der Einzahlung bis zum Zinszahlungstermin oder vom Zinszahlungstermin bis zur Auszahlung entspricht so keiner ganzen, sondern nur einem Bruchteil einer Zinsperiode. Es ist dann üblich, das Kapital linear für den entsprechenden Anteil der Periode zu verzinsen.

Im Prinzip ist es möglich, die Formel (3.10)

$$K_n = K_0 \cdot (1 + n \cdot i),$$

zu verwenden und für n ein Bruchteil eines Jahres einzusetzen. Da n aber in der Regel für die natürlichen Zahlen steht, wählen wir hier die Verallgemeinerung

$$K_t = K_0 \cdot (1 + t \cdot i), \qquad (3.12)$$

wobei t eine beliebige reelle Zahl ist, die die Zeit ausdrückt. Setzt man für t ganze Jahre ein, erhält man wieder die ursprüngliche Formel.

Beispiel 3.13: Herr Müller legt 1.000 € für ein Vierteljahr (1.4. – 30.6.) zu einem Zinssatz von 3% p.a. auf einem Sparbuch an, bei dem die Zinszahlungstermine am 31.12. liegen. Über welchen Betrag verfügt er am Ende des Vierteljahres?

Lösung: Herr Müller verfügt nach einem Vierteljahr über

$$K_{0,25} = 1.000 \ \text{€} \cdot (1 + 0,25 \cdot 0,03) = 1.007,50 \ \text{€}. \qquad \square$$

Man spricht meist von **unterjähriger Verzinsung**, da oftmals die Zinszahlungstermine jährlich sind und die Verzinsung für den Bruchteil eines Jahres so für einen Teil „kleiner als einem Jahr", also unterjährig erfolgt.

Korrekterweise müsste man von **unterperiodiger Verzinsung** sprechen. Liegen die Zinszahlungstermine z.B. an den Quartalsenden, würde bei einer Anlage vom 1.3. bis zum 30.6. nach dem ersten Monat, also einem Bruchteil eines Quartals eine lineare Zinszahlung unterperiodig erfolgen, für das zweite volle Quartal von April bis Juni würde sich das so entstandene Kapital aber geometrisch weiter verzinsen.

Wir werden im Folgenden jedoch auch meist von unterjähriger Verzinsung sprechen, um den Unterschied zwischen „gröberen" Jahresperioden und „feineren" Perioden ausdrücken zu können. Die Übertragung auf andere „grobe" Zinsperioden, die kürzer als ein Jahr sind, ist dann nicht schwierig.

3.5.3.3   Zinstagemethoden

Beispiel 3.14: Ein Kapital von 1.000 € wird 5 Monate lang (innerhalb eines Jahres) zu 5,5% p.a. auf einem Sparbuch mit jährlichen Zinszahlungsterminen angelegt. Welchen Kapitalwert hat es am Ende der 5 Monate?

Lösung: Intuitiv würden die meisten Leute 5 Monate als 5/12 eines Jahres ansehen und darauf kommen, dass dann auch 5/12 der Zinsen eines Jahres gezahlt werden. Das Kapital hätte nach 5 Monaten also den Wert

$$K_{5 \ \text{Monate}} = K_0 + Z = K_0 \cdot (1 + t \cdot i) = 1.000 \ \text{€} \cdot \left(1 + \frac{5}{12} \cdot 0,055\right) = 1.022,92 \ \text{€}. \qquad \square$$

Vielleicht fragt man sich im zweiten Schritt, um welche 5 Monate es eigentlich gehen soll. Bei 5 Monaten mitteln sich die Unterschiede zwischen den Kalendermonaten zwar wieder ein wenig heraus. Würde man das Geld nur für einen Monat anlegen, ist es aber schon von größerem Interesse, ob dieses der Februar mit nur 28 Tagen oder der Juli oder Dezember mit 31 Tagen ist. Sollte man für einen kürzeren Monat genauso 1/12 der Jahreszinsen bekommen wie für einen längeren Monat?

Diese Problematik wird von den so genannten Zinstagemethoden berücksichtigt.[21]

■ **Methode 30/360:** Der im obigen Beispiel gewählte Ansatz, jeden Monat als 1/12 eines Jahres zu betrachten, ist ein Beispiel für die 30/360-Methode (sprich: dreißig dreihundertsechzig-Methode). Jeder Monat wird mit 30 Tagen, das Jahr mit 360 Tagen gerechnet. Bei einem Monat hätte man dann 30 Tage des Monats gegenüber

---

[21] Vgl. z.B. www.zinsmethoden.de.

360 Tagen eines Jahres, also ein Zwölftel des Jahres. Dabei ist der Zähler unabhängig davon, wie viele Tage der Monat laut dem Kalender tatsächlich enthält. Ein Monat, der regulär 30 Tage hat, wie der April oder der November wird mit 30 Tagen berechnet. Genauso werden aber auch der Januar, der Juli oder der Dezember, die laut Kalender 31 Tage besitzen, jeweils mit 30 Zinstagen angesetzt, ebenso wie der Februar, der ja eigentlich nur 28 oder im Schaltjahr 29 Tage hat. Ein Vorteil dieser Methode ist, dass die Berechnung sehr einfach wird. Man erspart sich das Abzählen der Tage pro Monat. Die Berechnungsmethode wurde in Ermangelung schneller Rechenmaschinen eingeführt und wird auch als **Methode des kaufmännischen Rechnens** bezeichnet. In Deutschland wird sie heute noch hauptsächlich angewendet, wie z.B. bei Sparbüchern, Termineinlagen, Kontokorrentkrediten und den meisten Darlehen.

- **Methode actual/360:** Bei dieser Methode werden die Tage, für die das Kapital verzinst wird, genau abgezählt. Im Januar werden hier also Zinsen für 31 Tage berechnet, im Februar für 28 Tage, bzw. für 29 Tage im Schaltjahr, im März wieder für 31 Tage, usw. Das Jahr wird weiterhin mit 360 Tagen angesetzt. Die Methode wird z.B. bei Geldmarktgeschäften und im Interbankenhandel verwendet. Sie wird auch als **Eurozins-** oder **französische Zinsmethode** bezeichnet.

- **Methode actual/365:** Diese Methode, die auch **englische Zinsmethode** genannt wird, zählt die Tage nach dem Kalender, das Jahr wird aber immer mit 365 Tagen angesetzt. Sie wird in der Praxis selten angewandt.

- **Methode actual/actual:** Bei dieser Zinstagemethode werden sowohl die Tage im Zähler als auch das Jahr im Nenner mit ihrer tatsächlichen Anzahl von Tagen berechnet. Das Jahr wird also im Normalfall mit 365 Tagen, in einem Schaltjahr mit 366 Tagen angesetzt. Die Methode wird auch **ISMA[22]-Methode** genannt. Sie wird in Deutschland z.B. bei Bundesanleihen mit festem Zinssatz verwendet.

Neben den Zinstagemethoden existieren auch unterschiedliche Konventionen, nach denen der erste und der letzte Tag der Geldanlage bzw. -aufnahme behandelt werden. So wird z.B. bei einem Sparbuch in Deutschland der erste Tag mitverzinst, der letzte Tag nicht, während es bei einem Termingeld genau umgekehrt ist. Wir werden in den Beispielen davon ausgehen, dass der erste Tag nicht, der letzte Tag jedoch mitverzinst wird.

Beispiel 3.15: Ein Kapital von 1.000 € sei vom 15. Juli 2005 bis zum 20. September 2005 angelegt. Der Zinssatz betrage 4% p.a. Wie viele Zinsen werden bei den Methoden 30/360, actual/360 bzw. actual/actual ausgezahlt?

---

[22]   ISMA steht für International Securities Market Association. Aus ihr ist die heutige Association of International Bond Dealers (AIBD) hervorgegangen.

Lösung: Der erste Schritt besteht darin, die Anzahl der Tage, für die die Zinsen gezahlt werden, zu bestimmen.

Dieses sind im Juli bei der 30/360-Methode 15 Tage, da hier die Tage nur bis zum 30. Juli berechnet werden. Im August sind es nach dieser Methode 30 Tage, im September kommen noch einmal 20 dazu. Insgesamt haben wir 65 Tage. Bei den Methoden, bei denen die Tage, für die das Geld anliegt, genau abgezählt werden, ergeben sich im Juli 16 Tage, im August 31 Tage und im September noch einmal 20 Tage.

Folgende Tabelle fasst die Ergebnisse noch einmal zusammen:

Tabelle 3-3: *Tagesberechnung und Zinszahlungen bei verschiedenen Zinstagemethoden*

	15.7.–31.7.	1.8.-31.8.	1.9.–20.9.	Gesamt	Jahr	Zinsen
30/360	15	30	20	65	360	$\dfrac{65}{360}\cdot 0{,}04\cdot 1.000\ € = 7{,}22\ €$
actual/360	16	31	20	67	360	$\dfrac{67}{360}\cdot 0{,}04\cdot 1.000\ € = 7{,}44\ €$
actual/actual	16	31	20	67	365	$\dfrac{67}{365}\cdot 0{,}04\cdot 1.000\ € = 7{,}34\ €$

Bei der actual/360-Methode erhält man hier die höchste Zinszahlung. In der Bankpraxis werden Zinstagemethode und Zinssatz aber gemeinsam verhandelt. Durch eine Verringerung des Jahreszinssatzes kann bei Verwendung der actual/360-Methode derselbe Zinsertrag resultieren wie bei anderen Zinstagemethoden. □

3.5.4   Konforme Zinssätze

3.5.4.1   Linear proportionaler Zinssatz

Wie bereits oben erwähnt, erfolgen bei vielen Finanzprodukten die Zinszahlungen nicht am Ende eines Jahres, sondern zu verschiedenen anderen Zeitpunkten im Jahr, etwa jeweils am Ende eines Monats oder am Ende eines Quartals (31.3., 30.6., 30.9 und 31.12.).

Beispiel 3.16: Sie verfügen über einen Betrag von 10.000 €, den Sie für ein Jahr (vom 1.1. bis zum 31.12.) zu einem Jahreszinssatz von 5% p.a. auf einem Bankkonto anlegen.

Die Zinszahlung erfolgt quartalsweise, Zinszahlungstermine sind also jeweils am Ende eines Vierteljahres.

Der Jahreszinssatz beträgt 5%. Diese 5% bekommen Sie natürlich nicht in jedem Quartal, sonst hätten Sie insgesamt viermal den Jahreszinssatz erhalten. Stattdessen erhalten Sie bei der Bank in jedem Quartal ein Viertel des Jahreszinssatzes, d.h. $i_{Quartal} = i_{Jahr}/4 = 0{,}05/4 = 0{,}0125$. Diesen Zinssatz nennt man den **linear proportionalen Zinssatz** von 1,25% p.Q. $\qquad\qquad$ □

Definition: Gegeben sei der nominelle Jahreszinssatz i_{Jahr} [23]. Existieren pro Jahr m Zinsperioden, d.h. auch m Zinszahlungstermine, so beträgt der **linear proportionale Zinssatz** pro Zinsperiode

$$i_m = \frac{i_{Jahr}}{m}. \qquad\qquad (3.13)$$

Beispiel 3.17: Bei einem Jahreszinssatz von 6% p.a. und monatlichen Zinszahlungen beträgt der linear proportionale Zinssatz pro Monat

$$i_{Monat} = i_{12} = \frac{i_{Jahr}}{12} = \frac{0{,}06}{12} = 0{,}005,$$

d.h. man erhält einen Zinssatz von 0,5% p.M. $\qquad\qquad$ □

3.5.4.2 Lineare Verzinsung

Beispiel 3.18: Steffen legt ein Guthaben von 15.000 € für 3 Jahre zu einem Zinssatz von 3,5% p.a. bei linearer Verzinsung an. Vergleichen Sie die Endwerte bei jährlicher Verzinsung und bei quartalsweiser Verzinsung! Bei der quartalsweisen Verzinsung wird der linear proportionale Zinssatz verwendet.

Lösung: Da die Zinsen linear berechnet werden, erhält Steffen bei jährlicher Verzinsung

$$K_n = K_0 \cdot (1 + i_{Jahr} \cdot n) = 15.000 \; € \cdot (1 + 0{,}035 \cdot 3) = 16.575 \; €.$$

Bei quartalsweiser Verzinsung wird pro Quartal nur ein Viertel des Jahreszinssatzes, also $i_{Quartal} = 0{,}035/4 = 0{,}00875$ für die Zinszahlung herangezogen. Dafür werden aber viermal im Jahr Zinsen gezahlt. Steffen hat so also nach 3 Jahren

$$K_n = K_0 \cdot \left(1 + \frac{i_{Jahr}}{m} \cdot m \cdot n\right) = 15.000 \; € \cdot \left(1 + \frac{0{,}035}{4} \cdot 4 \cdot 3\right) = 16.575 \; €$$

---

[23] Zur besseren Unterscheidung sei der Nominalzinssatz i im Abschnitt „Konforme Zinssätze" mit i_{Jahr} bezeichnet.

auf dem Konto. Der Endbetrag, über den Steffen nach 3 Jahren bei quartalsweiser Verzinsung mit dem linear proportionalen Zinssatz verfügen kann, ist also genau so hoch wie der Endbetrag bei jährlicher Verzinsung. □

Aus der allgemeinen Formel für die unterjährige Verzinsung wird klar, dass dieses bei der linearen Verzinsung immer der Fall sein muss. Erhält man bei m Zinsperioden pro Jahr pro unterjähriger Periode den linear proportionalen Zinssatz $i_m = i_{Jahr}/m$, so kürzt sich die Anzahl m der Perioden pro Jahr heraus und man erhält den Endwert

$$K_n = K_0 \cdot \left(1 + \frac{i_{Jahr}}{m} \cdot m \cdot n\right) = K_0 \cdot \left(1 + i_{Jahr} \cdot n\right) \tag{3.14}$$

Bei linearer Verzinsung ergibt sich bei jährlicher und unterjähriger Verzinsung mit dem linear proportionalen Zinssatz also derselbe Endwert. Den **Jahreszinssatz** i_{Jahr} und den **unterjährigen Zinssatz** $i_m = i_{Jahr}/m$ bezeichnet man daher als **konform bei linearer Verzinsung**.

Definition: Hat man einen Jahreszinssatz i_{Jahr} sowie m Zinszahlungstermine pro Jahr gegeben, so heißt ein Zinssatz i_m, der pro unterjähriger Zinsperiode gezahlt wird, **konform** zum Jahreszinssatz i_{Jahr}, wenn der Endwert des angelegten Kapitals unabhängig davon ist, ob dieses ein Jahr lang mit i_{Jahr} oder m Perioden lang mit i_m verzinst wird.

3.5.4.3 Geometrische Verzinsung

Beispiel 3.19 (Fortführung von Beispiel 3.18): Das Guthaben von Steffen in Höhe von 15.000 € wird jetzt geometrisch verzinst. Der Zinssatz betrage wieder 3,5% p.a., die Laufzeit 3 Jahre. Vergleichen Sie wiederum die Endwerte bei jährlicher Verzinsung und bei quartalsweiser Verzinsung! Verwenden Sie auch hier für die unterjährige Zinsberechnung den linear proportionalen Zinssatz.

Bei geometrischer Verzinsung erhält man bei jährlicher Verzinsung

$$K_n = K_0 \cdot (1 + i_{Jahr})^3 = 15.000 \text{ €} \cdot (1 + 0{,}035)^3 = 16.630{,}77 \text{ €,}$$

etwas mehr als bei der linearen Verzinsung. Diesen Zinseszinseffekt haben wir uns bereits veranschaulicht.

Der linear proportionale Zinssatz pro Quartal beträgt weiterhin $i_{Quartal} = 0{,}035/4 = 0{,}00875$. Die Zinsen werden dem Kapital nach jeder Periode gutgeschrieben und verzinsen sich in den folgenden Quartalen mit. Insgesamt wird über 12 Perioden, d.h. 12 Quartale verzinst. Steffen erhält nach 3 Jahren also

$$K_n = K_0 \cdot \left(1 + \frac{i_{Jahr}}{m}\right)^{m \cdot n} = 15.000 \ \euro \cdot \left(1 + \frac{0,035}{4}\right)^{4 \cdot 3} = 16.653,05 \ \euro,$$

d.h. 22,28 € mehr als bei jährlicher Verzinsung.

Die Endwerte bei jährlicher Verzinsung sowie quartalsweiser Verzinsung mit dem linear proportionalen Zinssatz sind nicht gleich hoch. Der linear proportionale Zinssatz von 0,875% p.Q. ist bei der geometrischen Verzinsung also nicht zum Jahreszinssatz von 3,5% p.a. konform! □

Allgemein gilt bei geometrischer Verzinsung im verfeinerten Zinsmodell mit m Zinsperioden pro Jahr und Verwendung des linear proportionalen Zinssatzes bei einer Laufzeit von n Jahren für den Endwert

$$K_n = K_0 \cdot \left(1 + \frac{i_{Jahr}}{m}\right)^{m \cdot n}. \tag{3.15}$$

Hier kann der Zinssatz nicht gegen die Anzahl der Perioden gekürzt werden.

Wie aus dem Beispiel ersichtlich sind der linear proportionale Zinssatz und der Jahreszinssatz bei geometrischer Verzinsung nicht konform. Dieses liegt daran, dass bei einmaliger Zahlung des Jahreszinssatzes diese Zinszahlung am Ende des Jahres erfolgt. Bei mehreren Zinszahlungsterminen pro Jahr werden bereits früher Zinszahlungen geleistet, die dann in den darauf folgenden Perioden bereits mitverzinst werden. Dadurch wird der Endwert des Kapitals größer als bei einmaliger Zinszahlung pro Jahr.

Man hat jetzt zwei Möglichkeiten mit der Situation umzugehen:

1. Zunächst kann man sich fragen, welchen Zinssatz man denn wirklich (effektiv) im Jahr erhält, wenn man pro unterjähriger Periode den linear proportionalen Zinssatz verwendet. Diesen Zinssatz nennt man den **Effektivzinssatz**, der angegebene Jahreszinssatz wird zur Unterscheidung **nominaler Jahreszinssatz** oder **Nominalzinssatz** genannt. Da, wie wir im Beispiel 3.19 gesehen haben, der Endwert bei unterjähriger Verzinsung mit dem linear proportionalen Zinssatz größer wird als bei einmaliger Verzinsung mit dem angegebenen Nominalzinssatz, wird der Effektiv-

zinssatz bei unterjähriger Verzinsung also immer größer als der Nominalzinssatz sein.

2. Man kann sich aber auch andersrum fragen, welchen Zinssatz man pro unterjähriger Periode heranziehen müsste, damit der Endwert genauso hoch wie bei der Verzinsung mit dem nominellen Jahreszinssatz ist. Man sucht also den zum Jahreszinssatz konformen unterjährigen Periodenzinssatz. Dieser Zinssatz wird kleiner sein als der linear proportionale Zinssatz.

Auf die erste Alternative, die Berechnung des Effektivzinssatzes, werden wir in einem eigenen Abschnitt eingehen. Wir suchen hier zunächst den bei geometrischer Verzinsung zum Jahreszinssatz konformen Zinssatz.

3.5.4.4 Geometrisch proportionaler Zinssatz

Um bei geometrischer Verzinsung eines Anfangskapitals K_0 bei mehreren Zinsperioden pro Jahr auf den gleichen Endwert K_n wie bei einmaliger Verzinsung pro Jahr zu kommen, muss für einen zum Jahreszinssatz i_{Jahr} konformen Zinssatz i_m gelten

$$K_n = K_0 \cdot (1 + i_m)^m = K_0 \cdot (1 + i_{Jahr}).$$

Hieraus folgt durch Umstellen sofort

$$i_m = \sqrt[m]{1 + i_{Jahr}} - 1. \tag{3.16}$$

Diesen Zinssatz nennt man den **geometrisch proportionalen Zinssatz**.

Beispiel 3.20 (Fortführung von Beispiel 3.17): Bei einem nominellen Jahreszinssatz von 6% p.a. und monatlichen Zinszahlungen beträgt der geometrisch proportionale Zinssatz pro Monat

$$i_{Monat} = i_{12} = \sqrt[12]{1 + 0{,}06} - 1 = 0{,}004868.$$

d.h. 0,4868% p.M. Er ist etwas kleiner als der linear proportionale Zinssatz von 0,5% p.M. Würde man nun monatlich Zinsen in Höhe von 0,4868% erhalten, hätte man nach einem Jahr dasselbe Kapital wie bei einmaliger Zinszahlung von 6% p.a. □

Auch bei Laufzeiten, die größer als ein Jahr sind, erhält man bei Verwendung des oben berechneten geometrisch proportionalen Zinssatzes den gleichen Endwert wie bei jährlicher Verzinsung, da sich aus

$$K_n = K_0 \cdot (1 + i_m)^{n \cdot m} = K_0 \cdot (1 + i_{Jahr})^n$$

der Exponent n, der die Laufzeit angibt, über Anwendung der n-ten Wurzel heraushebt. So ergibt sich wiederum

$$i_m = \sqrt[m]{1 + i_{Jahr}} - 1.$$

Beispiel 3.21 (Fortführung von Beispiel 3.19): Berechnen Sie den geometrisch proportionalen Zinssatz pro Quartal, der zum Jahreszinssatz von 3,5% p.a. konform ist.

Lösung: Der geometrisch proportionale Quartalszinssatz beträgt

$$i_4 = \sqrt[4]{1 + i_{Jahr}} - 1 = \sqrt[4]{1 + 0{,}035} - 1 = 0{,}008637,$$

d.h. 0,8637%.

Verzinst Steffen T. sein Kapital 3 Jahre, d.h. 12 Quartale lang mit dem geometrisch proportionalen Quartalszinssatz, so erhält er nach dieser Zeit

$$K_n = K_0(1 + i_m)^{n \cdot m} = 15.000 \ € \cdot (1 + 0{,}008637)^{4 \cdot 3} = 16.630{,}68 \ €.$$

Die Differenz zu 16.630,77 €, die bei jährlicher Verzinsung erzielt werden, entsteht aufgrund der Rundung des geometrisch proportionalen Quartalszinssatzes.   □

Bemerkung: Der geometrisch proportionale Zinssatz ist der „eigentlich" zum Jahreszinssatz passende unterjährige Zinssatz bei Verzinsung mit Zinseszinsen. Dennoch ist es in Deutschland gängige Praxis, den linear proportionalen Zinssatz für die unterjährige Verzinsung heranzuziehen. Dieses hat die bereits diskutierte Folge, dass die effektiv gezahlten Zinsen höher sind als der Nominalzinssatz vermuten lässt.

3.5.5   Effektivzinssatz

Beispiel 3.22: Sie nehmen für ein Jahr 10.000 € zu einem Nominalzinssatz von 5% p.a. auf. Die Zinszahlungen werden aber quartalsweise nachschüssig fällig und Ihrem Konto belastet. Hierbei wird der linear proportionale Zinssatz verwendet. Sie zahlen den Kreditbetrag sowie die angefallenen Zinsen am Ende des Jahres zurück.

Stellen Sie Ihre Zahlungsverpflichtungen in Excel dar! Wie groß ist der Zinsanteil Ihrer Rückzahlung am Ende des Jahres? Welchen Zinssatz haben Sie also effektiv auf den ausgeliehenen Betrag von 10.000 € bezahlt?

Lösung: Die Entwicklung des Kapitalwertes über die 4 Quartale lässt sich wie folgt darstellen:

Tabelle 3-4:   *Kapitalwertentwicklung bei quartalsweiser Zinszahlungsweise*

Quartal	Kapital zu Beginn des Quartals	Zinszahlung	Kapital am Ende des Quartals
Januar-März	10.000,00 €	125,00 €	10.125,00 €
April-Juni	10.125,00 €	126,56 €	10.251,56 €
Juli-September	10.251,56 €	128,14 €	10.379,71 €
Oktober-Dezember	10.379,71 €	129,75 €	10.509,45 €

Der linear proportionale Zinssatz beträgt $i_{Quartal} = 0{,}05 / 4 = 0{,}0125$. Wenn Sie Ihren Kontostand und die aufgelaufenen Zinsen in Excel darstellen, werden Ihnen diese 1,25% p.Q. im ersten Quartal auf 10.000 € berechnet. Ihr Konto wird damit belastet und Ihre Schuld erhöht sich um 125 €. Im zweiten Quartal beträgt Ihre Schuld demnach schon 10.125 €. 1,25% von 10.125 € sind dann bereits 126,56 €.

Am Ende des Jahres hat Ihr Konto einen Sollstand von 10.509,45 €. Davon entfallen 10.000 € auf den ausgeliehenen Betrag, 509,45 € sind der Zinsanteil. Sie haben effektiv 5,0945% Zinsen bezahlt. ☐

Definition: Der **Effektivzinssatz** stellt den **Zinssatz** dar, **der zu zahlen**, bzw. **zu erhalten wäre, wenn einmal im Jahr ein konstanter Zinssatz** fällig wäre, so dass der Endbetrag derselbe wie bei der gegebenen Verzinsungsweise ist.

Im Beispiel ist der Effektivzinssatz 5,0945%. Würde nur einmal im Jahr eine Zinszahlung anfallen, so müsste der Zinssatz nämlich bei 5,0945% liegen, um zu dem gleichen Endbetrag von 10.509,45 € zu kommen wie bei quartalsweiser Verzinsung mit einem Nominalzinssatz von 5% p.a.

Der Effektivzinssatz ist im Beispiel deshalb höher als der nominale Zinssatz, da für die unterjährigen Zinsperioden der linear proportionale Zinssatz verwendet wird. Dieses ist in Deutschland aber das übliche Vorgehen. Sind die Zinsperioden kleiner als ein Jahr, verwendet man zur Verzinsung nicht den zum Jahreszinssatz eigentlich konformen geometrisch proportionalen Zinssatz, sondern den einfacher zu berechnenden linearen Zinssatz. Die Folge ist, dass der effektive Zinssatz höher wird, da die frühen Zinszahlungen bereits mitverzinst werden.

Ohne Verwendung einer Exceltabelle lässt sich der Effektivzinssatz i_{eff} dadurch berechnen, dass sich bei einmaliger Zahlung von i_{eff} pro Jahr derselbe Endwert wie bei m-maliger Zahlung des linear proportionalen Zinssatzes i/m ergeben muss, d.h.

$$K_n = K_0 \cdot (1 + i_{eff})^n = K_0 \cdot \left(1 + \frac{i}{m}\right)^{m \cdot n}.$$

Demnach erhält man

$$i_{eff} = \left(1 + \frac{i}{m}\right)^m - 1. \tag{3.17}$$

Der Begriff der Effektivverzinsung kommt hauptsächlich bei der schon beschriebenen unterjährigen Verzinsung zum Tragen.

Zwei weitere Verwendungen des Begriffes sollen hier kurz beschrieben werden:

1. Bei manchen Finanzprodukten liegen pro Periode unterschiedliche Zinssätze vor. Ein Beispiel sind Sparpläne, bei denen ansteigende Zinssätze angeboten werden. Der Effektivzinssatz gibt dann den konstanten Zinssatz an, mit dem die Spareinlage verzinst werden müsste, um den gleichen Endbetrag zu ergeben wie bei der gegebenen Verzinsung.

Beispiel 3.23: Bei einem dreijährigen Sparplan werden im ersten Jahr 2% p.a., im zweiten Jahr 4% p.a. und im dritten Jahr 6% p.a. gezahlt. Wie hoch ist der Effektivzinssatz, d.h. bei welchem konstanten Zinssatz würde man am Ende des dritten Jahres über den gleichen Betrag verfügen?

Zur Veranschaulichung kann man einen Betrag von 1.000 € annehmen, der auf dem Sparbuch angelegt wird (tatsächlich ist der Effektivzinssatz aber unabhängig vom angelegten Betrag). Der Anleger erhält dann nach 3 Jahren

$$1.000 \ € \cdot 1{,}02 \cdot 1{,}04 \cdot 1{,}06 = 1.124{,}45 \ €.$$

Denselben Betrag hätte er natürlich auch mit dem konstanten Zinssatz i_{eff} erzielen können, wenn

$$1.000 \ € \cdot (1 + i_{eff})^3 = 1.124{,}45 \ €$$

angenommen würde.

Demnach ergibt sich der Effektivzinssatz als

$$i_{eff} = \sqrt[3]{\frac{1.124{,}45 \ €}{1.000 \ €}} - 1 = 0{,}03987,$$

also 3,99%. $\qquad\qquad\square$

Allgemein errechnet sich also bei Verzinsung eines Kapitals über n Jahre mit den Zinssätzen i_1, i_2, ..., i_n der Effektivzinssatz aus

$$K_0 \cdot (1 + i_{eff})^n = K_0 \cdot (1 + i_1) \cdot (1 + i_2) \cdot \ldots \cdot (1 + i_n)$$

zu

$$i_{eff} = \sqrt[n]{(1 + i_1) \cdot (1 + i_2) \cdot \ldots \cdot (1 + i_n)} - 1. \tag{3.18}$$

2. Oftmals werden bei einer Kreditvergabe auch einmalige Gebühren, z.B. für die Bewertung einer Immobilie, etc. fällig. Diese Gebühren tragen neben den zu zahlenden Zinsen ebenfalls zur Belastung des Kreditnehmers bei und können daher auch in den Effektivzinssatz eingerechnet werden.

3.5.6 Übersicht: Zinskonventionen

Zusammenfassend soll hier noch einmal die in Deutschland gängige Verzinsung und der verwendete Zinssatz in Abhängigkeit von der Länge der Zinsperiode dargestellt werden.

Tabelle 3-5:   *Übersicht über Verzinsung und verwendeten Zinssatz bei unterschiedlichen Zeiträumen*

	Volle Jahre	Volle Zinsperioden < 1 Jahr	Bruchteile von Zinsperioden
Verzinsung	geometrisch	geometrisch	linear
Zinssatz	Jahreszinssatz	Linear proportionaler Zinssatz	Linear proportionaler Zinssatz

Wird ein Kapital für eine volle Anzahl von Jahren verzinst, so wird, wenn nicht ausdrücklich eine andere Vereinbarung getroffen wurde, die geometrische Verzinsung mit dem angegebenen Jahreszinssatz gewählt.

Sind die Zinsperioden kleiner als ein Jahr, so wird üblicherweise ebenfalls auf eine Verzinsung mit Zinseszinsen, d.h. die geometrische Verzinsung, zurückgegriffen. Allerdings wird in jeder unterjährigen Zinsperiode jeweils der linear proportionale Zinssatz verwendet, auch wenn dieser, wie wir oben gesehen haben, nicht zur geometrischen Verzinsung passt.

Bei einer Verzinsung für Bruchteile von Zinsperioden wird die lineare Verzinsung nach Formel (3.12) angewandt. Auch hier rechnet man mit dem linear proportionalen Zinssatz.

Diese Konventionen werden wir im weiteren ebenfalls treffen, insbesondere gilt bei einer Verzinsung über mehrere Jahre, soweit nichts anderes angegeben ist, die geometrische Verzinsung.

3.5.7 Gemischte Verzinsung

Da Ein- und Auszahlungen von Geldbeträgen meist nicht genau an den Zinszahlungsterminen stattfinden, liegt in der Praxis oft eine Verzinsung über volle Zinsperioden zuzüglich zusätzlicher Bruchteile von Zinsperioden vor.

Beispiel 3.24: Sie zahlen am 30.4.2006 einen Betrag von 5.000 € auf ein mit 2,5% p.a. verzinstes Tagesgeldkonto ein. Zinszahlungstermine seien jeweils am Ende des Jahres. Es wird die 30/360-Methode verwendet. Sie lassen Ihr Geld bis zum 31.3.2009 auf dem Konto. Der Zinssatz bleibt während dieser Zeit konstant. Über welchen Betrag verfügen Sie am 31.3.2009?

Lösung: Da jährliche Zinszahlungstermine existieren, findet für die Monate Mai bis Dezember des Jahres 2006 eine lineare Verzinsung statt. Sie bekommen also am 31.12. 2006 für 8 Monate Zinsen, so dass Ihr Kontostand auf

$$5.000 \ \text{€} \cdot (1 + \frac{240}{360} 0{,}025) = 5.083{,}33 \ \text{€}$$

anwächst.

Vom 31.12.2006 bis zum 31.12.2008 verbleibt Ihr Geld für zwei volle Jahre, d.h. volle Zinsperioden auf dem Konto und verzinst sich so geometrisch. Am 31.12.2008 beträgt Ihr Kontostand also

$$5.083{,}33 \ \text{€} \cdot (1 + 0{,}025)^2 = 5.340{,}68 \ \text{€}.$$

Im Jahr 2009 wird Ihr Geld noch für3 Monate linear verzinst, so dass Sie am 31.3.2009 über

$$5.340{,}68 \ \text{€} \cdot (1 + \frac{90}{360} 0{,}025) = 5374{,}06 \ \text{€}$$

verfügen. □

Das Beispiel illustriert das Prinzip der gemischten Verzinsung. Vom Beginn der Verzinsung bis zum ersten Zinszahlungstermin findet eine lineare Verzinsung statt. Für den Bruchteil des Jahres vom letzten Zinszahlungstermin während der Anlage bis zur Auszahlung des Betrages wird ebenfalls linear verzinst. Für die vollen Zinsperioden „in der Mitte" der Anlagedauer findet eine geometrische Verzinsung statt.

Bezeichnet man allgemein den Bruchteil der Periode bis zum ersten Zinszahlungstermin mit t_1, die Anzahl der vollen Zinsperioden mit n und den Bruchteil der letzten Zinsperiode mit t_2, so ergibt sich der Endwert eines angelegten Kapitals K_0 zu

$$K_{t_1,n,t_2} = K_0 \cdot (1 + t_1 \cdot i) \cdot (1 + i)^n \cdot (1 + t_2 \cdot i). \tag{3.19}$$

Fortführung von Beispiel 3.24: Sie können den Betrag, über den Sie am 31.3.2009 verfügen auch direkt über Formel (3.19) berechnen, ohne die Zwischenergebnisse an den Zinszahlungsterminen zu ermitteln. Es ergibt sich

$$5.000 \ \text{€} \cdot (1 + \frac{240}{360} \cdot 0{,}025) \cdot (1 + 0{,}025)^2 \cdot (1 + \frac{90}{360} \cdot 0{,}025) = 5374{,}06 \ \text{€}. \qquad \square$$

3.6 Stetige Verzinsung

Bei der Betrachtung der geometrischen Verzinsung im verfeinerten Zinsmodell und Verwendung des linear proportionalen Zinssatzes in Gleichung (3.15) haben wir gesehen, dass der Endwert bei unterjähriger Verzinsung höher ist als bei einmaliger Verzinsung pro Jahr.

Betrachtet man nun immer mehr Zinsperioden pro Jahr, d.h. lässt man die Anzahl m der Zinsperioden immer größer werden (monatliche, tägliche, stündliche, sekündliche Verzinsung, etc.), so wird der Endwert des Kapitals entsprechend immer größer. Es stellt sich die Frage, ob der Endwert über alle Schranken wächst oder ob er gegen einen Grenzwert konvergiert.

Beispiel 3.25: Ein Kapital von 1.000 € wird bei einem Zinssatz von 10% p.a. angelegt. Wie verhält sich der Endwert am Ende eines Jahres in Abhängigkeit von der Anzahl m der Zinsperioden pro Jahr?

Lösung: Tabelle 3-6 zeigt, wie sich der Endwert eines Kapitals in Abhängigkeit von der pro Jahr angesetzten Anzahl m der Zinsperioden verhält.

Tabelle 3-6: *Endwert eines Kapitals in Abhängigkeit von der Anzahl m der Zinsperioden pro Jahr*

m	Verzinsung pro	Endwert
1	Jahr	$K_1 = K_0 \cdot (1 + 0{,}1) = 1.100{,}00 \ \text{€}$
12	Monat	$K_{12} = K_0 \cdot \left(1 + \dfrac{0{,}1}{12}\right)^{12} = 1.102{,}50 \ \text{€}$
360	Tag	$K_{360} = K_0 \cdot \left(1 + \dfrac{0{,}1}{360}\right)^{360} = 1.104{,}71 \ \text{€}$
518.400	Stunde	$K_{518.400} = K_0 \cdot \left(1 + \dfrac{0{,}1}{518.400}\right)^{518.400} = 1.105{,}17 \ \text{€}$
31.104.000	Sekunde	$K_{31.104.000} = K_0 \cdot \left(1 + \dfrac{0{,}1}{31.104.000}\right)^{31.104.000} = 1.105{,}17 \ \text{€}$

Zwar wird der Endwert mit zunehmender Anzahl m von Zinsperioden pro Jahr immer größer, der Unterschied zwischen täglicher und stündlicher Verzinsung liegt aber bereits nur bei einer Differenz von 46 Cent. Zwischen stündlicher und sekündlicher Verzinsung ist die Differenz der Endwerte bereits kleiner als 1 Cent. Der Endwert scheint also zu konvergieren. □

Betrachtet man formal den Grenzwert des Endwertes für $m \to \infty$, so erhält man

$$\lim_{m \to \infty} K_0 \cdot \left(1 + \frac{i}{m}\right)^{m \cdot n} = K_0 \cdot \left(\lim_{m \to \infty} \left(1 + \frac{i}{m}\right)^{m} \right)^{n} = K_0 \cdot \left(e^{i}\right)^{n} = K_0 \cdot e^{i \cdot n}. \tag{3.20}$$

Dieses nennt man die **stetige Verzinsung** des Anfangskapitals. In jedem infinitesimal kleinen Zeitabschnitt werden hier Zinsen gezahlt.

In der Formel steht n für eine volle Anzahl an Jahren, sie lässt sich aber für eine beliebige Zeit t der Verzinsung zu

$$K_0 \cdot e^{i \cdot t}. \tag{3.21}$$

verallgemeinern.

Beispiel 3.26 (Fortführung von Beispiel 3.25): Welchen Endwert hat ein Kapital von 1.000 € bei stetiger Verzinsung mit einem Zinssatz von 10% p.a. am Ende eines Jahres?

Für den Endwert am Ende eines Jahres gilt bei stetiger Verzinsung

$$K_0 \cdot e^{i \cdot n} = 1.000 \ \text{€} \cdot e^{0,1 \cdot 1} = 1.105,17 \ \text{€}.$$

Bei Rundung auf 2 Nachkommastellen ist kein Unterschied zur stündlichen oder sekündlichen Verzinsung erkennbar. Bei genauerer Betrachtung ergibt sich bei sekündlicher Verzinsung ein Endwert von 1.105,170914 €, während sich der Grenzwert bei der stetigen Verzinsung zu 1.105,170918 € ergibt. Der Unterschied ist also erst in der sechsten Nachkommastelle festzustellen. □

Die stetige Verzinsung ist hier als Anwendung der Theorie der Grenzwerte von eher theoretischem Interesse. Sie spielt allerdings bei der Bewertung von Finanzderivaten eine große Rolle.

3.7 Partnerinterview

1. A: Was charakterisiert die geometrische Verzinsung?

   B: Was bedeutet „lineare Verzinsung"? In welchen Fällen wird sie angewendet?

2. A: Erklären Sie, was ein Barwert ist!

   B: Erklären Sie, was der Endwert eines Kapitals ist!

3. A: Was versteht man unter Diskontieren?

   B: Welchen Zinssatz wählt man für die unterjährige Verzinsung?

4. A: Erläutern Sie die actual/actual-Methode? Geben Sie ein Beispiel!

   B: Erläutern Sie die 30/360-Methode? Geben Sie ein Beispiel!

5. A: Was sind konforme Zinssätze? Welcher Zinssatz ist bei der linearen Verzinsung konform zum Jahreszinssatz?

   B: Welcher Zinssatz ist bei der geometrischen Verzinsung konform zum Jahreszinssatz?

6. A: Wie berechnet man den Effektivzinssatz bei monatlicher Verzinsung? Wie verhält er sich zum Nominalzinssatz?

   B: Was bedeutet stetige Verzinsung? Erläutern Sie die Formel für den Endwert eines Kapitals bei stetiger Verzinsung!

3.8   Übungen

1. Ein Kapital von 3.000 € wird zu 4% p.a. angelegt. Wie hoch ist das Guthaben

   a) nach Ablauf eines Jahres?

   b) nach 3 Jahren?

   c) nach 52 Tagen (nach der actual/360-Methode)?

2. Sie bekommen auf einem Sparbuch Zinsen von 2,5% p.a. In einem Jahr wollen Sie über 2.200 € verfügen. Welchen Betrag müssen Sie heute anlegen?

3. Der Zinssatz betrage 7% p.a. Bestimmen Sie den Aufzinsungs- und den Diskontfaktor für ein Jahr!

4. In sechs Jahren wird Anne 22.000 € auf dem Sparkonto haben. Wie groß ist der Wert Ihres Guthabens in zwei Jahren? Der vereinbarte Zinssatz betrage 5,5% p.a.

5. Sie entscheiden sich für einen Sparplan mit aufsteigendem Zinssatz und einer Laufzeit von 6 Jahren. Der Zinssatz beträgt im ersten Jahr 2,5% p.a. und erhöht sich alle zwei Jahre um 0,5% p.a. Sie legen 5.000 € an.

   a) Über welchen Betrag verfügen Sie am Ende des 6. Jahres?

   b) Zu welchem jährlichen Effektivzinssatz war das Kapital über den Zeitraum von sechs Jahren angelegt?

6. Welche Laufzeit hat eine Spareinlage, die bei jährlicher nachschüssiger Verzinsung zu 4% p.a. ein Kapital von 10.000 € auf 14.233,12 € anwachsen lässt?

7. Bei welchem Zinssatz verdreifacht sich ein Kapital innerhalb von 15 Jahren?

8. Die glücklichen Großeltern zahlen zur Geburt ihres Enkels am 31.12. auf ein Sparbuch, das mit 3% p.a. verzinst wird, 3.000 € ein. Am zweiten Geburtstag des Kindes zahlen sie noch einmal 2.000 €, am 10. Geburtstag 2.500 € ein. Wie groß ist das Guthaben am 15. Geburtstag des Enkels? Der Zinssatz bleibt während der ganzen Zeit konstant.

9. Ein Kreditnehmer hat folgende Rückzahlungsvereinbarungen getroffen: 5.000 € nach 4 Jahren, 12.000 € nach 6 Jahren und 7.250 € nach 10 Jahren. Der Kreditzinssatz beträgt konstant 6% p.a. Welchen einmaligen Betrag müsste der Kreditnehmer heute zahlen, um seine Schuld zu begleichen?

10. Der Effektivzinssatz einer Anlage, die quartalsweise verzinst wird, beträgt 6,14% p.a. Wie hoch ist der nominelle Jahreszinssatz?

11. Auf welchen Wert wächst ein Kapital von 4.000 € bei stetiger Verzinsung und einem Nominalzinssatz von 4% p.a. in 3 Jahren an? Berechnen Sie zusätzlich den Unterschied zur monatlichen Verzinsung des Kapitals!

12. Sie haben am 31.10.2004 einen Betrag von 2.000 € auf einem mit 1,5% p.a. verzinsten Sparbuch angelegt. Es liegen jährliche Zinszahlungstermine vor. Welchen Geldbetrag können Sie am 15.2.2008 abheben?

4 Barwertprinzip

4.1 Lernziele

Aufgrund der Wichtigkeit des Konzeptes wird dem Barwertprinzip ein eigenes Kapitel gewidmet. Nach Durcharbeitung des Kapitels sollte der Leser in der Lage sein,

- zwei Zahlungen mit unterschiedlichen Zahlungsterminen bezüglich ihres Wertes zu vergleichen,

- zu definieren, was ein Zahlungsstrom ist, und diesen zu bewerten,

- zwei oder mehr Zahlungsströme hinsichtlich ihres Wertes gegenüber zu stellen,

- zu begründen, warum die nominale Summe eines Zahlungsstroms keine ausreichende Aussage über ihren Wert liefert,

- zu definieren, was ein „faires Geschäft" ist.

4.2 Vergleich zweier Zahlungen

Beispiel 4.1: Sie haben die Wahl. Sie können entweder 220 € in 3 Jahren oder 200 € in 2 Jahren erhalten. Der Zinssatz am Markt beträgt für beliebige Laufzeiten 5% p.a. Welche Zahlung wählen Sie?

Lösung: Es gibt verschiedene Ansichten bei einer solchen Alternative. Manche Personen sind der Meinung, dass es auf jeden Fall besser sei, früh an Geld zu kommen und würden die 200 € in 2 Jahren vorziehen.

Andere überlegen, dass es darauf ankäme, ob man das Geld braucht oder nicht. Tatsächlich aber hängt es nicht von der persönlichen Situation ab, wie man sich entscheiden sollte. Es gibt ein objektives Kriterium zum Vergleich von Zahlungen, die zu unterschiedlichen Terminen erfolgen.

Um die gegebenen Zahlungen vergleichen zu können, sind sie auf einen **gemeinsamen Zeitpunkt** zu beziehen. Man kann sich z.B. fragen, wie viel Geld man jeweils anlegen müsste, um nach 2 Jahren 200 €, bzw. nach 3 Jahren 220 € zu erhalten. Dadurch kommt man zu einem **Vergleich der Barwerte**, d.h. der Werte der gegebenen Geldbeträge zur Zeit der Anlage (t = 0).

Die Zahlung von 200 € in 2 Jahren hat einen Barwert von

$$K_0(200 \text{ € in 2 Jahren}) = \frac{200 \text{ €}}{1{,}05^2} = 181{,}41 \text{ €}.$$

Der Barwert der Zahlung der 220 € in 3 Jahren beträgt

$$K_0(220 \text{ € in 3 Jahren}) = \frac{220 \text{ €}}{1{,}05^3} = 190{,}04 \text{ €}.$$

Abbildung 4-1:   *Vergleich der Barwerte zweier Zahlungen zu unterschiedlichen Zeitpunkten*

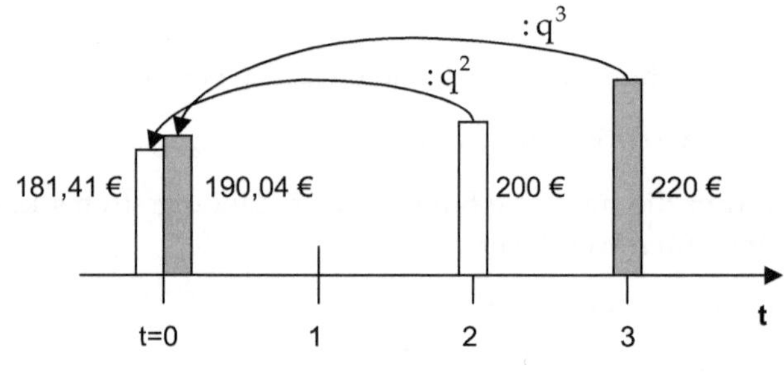

Die spätere Zahlung von 220 € ist also vorzuziehen, da ihr Barwert, d.h. ihr heutiger Wert zum Zeitpunkt t = 0, größer ist als der Barwert der 200 €, die man in 2 Jahren erhalten kann.   □

Fortführung von Beispiel 4.1: Wann wären die Zahlungen von 200 € in 2 Jahren bzw. 220 € in 3 Jahren genau gleich viel wert?

Lösung: Die Beantwortung der Frage hängt vom Zinssatz ab. Es muss der Zinssatz gefunden werden, bei dem die Barwerte der Zahlungen gleich groß sind. Daher muss gelten

$$\frac{220 \text{ €}}{(1+i)^3} = \frac{200 \text{ €}}{(1+i)^2}.$$

Aufgelöst nach dem Zinssatz i ergibt dieses

$$220 \text{ €} = 200 \text{ €} \cdot (1+i) \quad \Leftrightarrow \quad 20 \text{ €} = 200 \text{ €} \cdot i \quad \Leftrightarrow \quad i = \frac{20 \text{ €}}{200 \text{ €}} = 0{,}1.$$

Bei einem Zinssatz von 10% p.a. sind 200 €, die man nach 2 Jahren erhält, genauso viel wert wie 220 €, die man nach 3 Jahren erhält. Dieses liegt daran, dass man für 200 €, die man nach dem zweiten Jahr zu einem Zinssatz von 10% p.a. anlegt, für ein Jahr 20 € an Zinsen erhält. Nach dem dritten Jahr hat man so 220 € zur Verfügung.

Für Zinssätze unter 10% p.a. ist, wie wir oben gezeigt haben, die spätere Zahlung von 220 € nach 3 Jahren vorzuziehen, für Zinssätze über 10% p.a. werden 200 € in 2 Jahren bevorzugt. Bei einem Zinssatz, der größer ist als 10% p.a., erhält man mehr als 20 € Zinsen im Jahr, so dass man nach 3 Jahren schließlich einen Betrag zur Verfügung hat, der größer als 220 € ist. □

Bemerkung und Definition: Zwei Zahlungen Z_1 und Z_2[24], die zu unterschiedlichen Zeitpunkten erfolgen, sind gleich viel wert, wenn ihre Barwerte gleich hoch sind. Man nennt sie dann auch **äquivalent**.

Entsprechend ist eine Zahlung dann mehr wert als eine andere Zahlung zu einem eventuell anderen Zeitpunkt, wenn sie einen höheren Barwert hat. Eine Zahlung ist weniger wert als eine andere Zahlung, wenn ihr Barwert niedriger als der der anderen Zahlung ist.

Bemerkung: Die Zahlungen könnten zum Vergleich auch auf einen anderen Zeitpunkt als den Zeitpunkt t = 0 bezogen werden. Sind die Kapitalwerte zweier Zahlungen zu einem beliebigen gemeinsamen Zeitpunkt t gleich groß, so sind die Zahlungen ebenfalls äquivalent.

Fortführung von Beispiel 4.1: Statt die Zahlungen von 200 € in 2 Jahren bzw. 220 € in 3 Jahren zu vergleichen, in dem man beide auf den Zeitpunkt t = 0 abzinst, kann man als gemeinsamen Vergleichszeitpunkt z.B. auch den Zeitpunkt in 3 Jahren, d.h. t = 3 wählen. Die 220 €, die man in 3 Jahren erhält, haben zu diesem Zeitpunkt natürlich einen Kapitalwert von 220 €. Die 200 €, die man in 2 Jahren erhält, müssen noch ein Jahr aufgezinst werden. Beim vorgegebenen Zinssatz von 5% p.a. haben sie zum Zeitpunkt t = 3 einen Wert von

$$K_3(200 \text{ €}) = 200 \text{ €} \cdot 1{,}05 = 210 \text{ €}.$$

Sie sind also weniger als 220 € wert. Auch bei einem anderen Vergleichszeitpunkt entscheidet man sich also dafür, in 3 Jahren 220 € zu erhalten. □

In den meisten Fällen wird es allerdings am sinnvollsten sein, als gemeinsamen Vergleichszeitpunkt t=0 zu wählen und damit die Barwerte der Zahlungen zu vergleichen.

---

[24] Wir bezeichnen allgemeine Zahlungen hier mit Z. Die Notation kann natürlich an die jeweilige Bedeutung der Zahlung angepasst werden.

4.3   Zahlungsströme

So wie man zwei einzelne Zahlungen vergleichen kann, können auch unterschiedliche Zahlungsströme mit jeweils mehreren Zahlungen verglichen werden.

Definition: Ein Zahlungsstrom (engl.: cash flow) ist eine Menge von Zahlungen $(Z_0, Z_1, Z_2, ..., Z_n)$.

Bemerkung: Ein Zahlungsstrom kann auch eine unendliche Folge (Z_n) von Zahlungen sein. In der Mehrzahl der Fälle werden wir uns aber mit endlichen Zahlungsströmen beschäftigen.[25]

Beispiel 4.2: Sie haben die Wahl. Sie können entweder heute 1.000 € und in einem Jahr 900 € erhalten oder 4 Jahre lang nachschüssig 500 € bekommen. Der Zinssatz beträgt wieder konstant 5% p.a. Für welche Alternative entscheiden Sie sich?

Lösung: Für den Barwert des ersten Zahlungsstroms $(Z_0 = 1.000 \text{ €}, Z_1 = 900 \text{ €})$ gilt

$$K_0^1 = 1.000 \text{ €} + \frac{900 \text{ €}}{1{,}05} = 1.857{,}14 \text{ €}.$$

Der Zahlungsstrom $(Z_0 = 0 \text{ €}, Z_1 = Z_2 = Z_3 = Z_4 = 500 \text{ €})$ besitzt einen Barwert von

$$K_0^2 = \frac{500 \text{ €}}{1{,}05} + \frac{500 \text{ €}}{1{,}05^2} + \frac{500 \text{ €}}{1{,}05^3} + \frac{500 \text{ €}}{1{,}05^4} = 1.772{,}98 \text{ €}.$$

Sie entscheiden sich also für die erste Alternative, bei der Sie heute 1.000 € und in einem Jahr 900 € erhalten, da ihnen „barwertig" bei dieser Alternative mehr Geld zur Verfügung steht.

Eine Interpretationsmöglichkeit ist die folgende: Wenn Sie den Barwert von 1.857,14 € der ersten Alternative heute zur Verfügung haben und zu 5% p.a. anlegen, könnten Sie einmal heute 1.000 € konsumieren und hätten in einem Jahr nach Verzinsung der verbleibenden 857,14 € noch genau 900 € übrig. Sie können aber auch die Auszahlung der zweiten Alternative wählen und lassen sich 4 Jahre lang von den angelegten 1857,14 € nachschüssig 500 € auszahlen. Am Ende des vierten Jahres bleibt Ihnen dann sogar noch ein Betrag, der über die letzten abgehobenen 500 € hinausgeht, übrig. Die Wahl der ersten Alternative zahlt sich also aus.   □

Bemerkung: Auf keinen Fall eignen sich zum Vergleich von Zahlungsströmen die nominalen Summen der Beträge ohne Beachtung der Zeitpunkte der Zahlung!

---

[25]   Eine Ausnahme bilden die „unendlichen Renten" (s. Kapitel 6 „Rentenrechnung").

Fortsetzung von Beispiel 4.2: Wenn Sie nur die Summen der Zahlungsströme betrachten, erhalten Sie im ersten Zahlungsstrom ($Z_0 = 1.000$ €, $Z_1 = 900$ €) insgesamt als Summe 1.900 €, im zweiten Zahlungsstrom ($Z_0 = 0$ €, $Z_1 = Z_2 = Z_3 = Z_4 = 500$ €) aber in der Summe 2.000 €. Trotzdem ist der erste Zahlungsstrom, wie in Beispiel 4.2. gezeigt, bei dem gegebenen Zinssatz mehr wert. □

Die Tatsache, dass die reine Summe der Zahlungen zum Vergleich von Zahlungsströmen nicht sinnvoll ist, lässt sich am besten an einer einzelnen Zahlung zu unterschiedlichen Zeitpunkten erkennen.

Beispiel 4.3: Sie haben die Wahl. Sie können entweder in einem oder in zwei Jahren 500 € erhalten. Der Zinssatz beträgt konstant 4% p.a. Für welche Zahlung entscheiden Sie sich?

Lösung: Wir haben bereits gelernt, dass man zum Vergleich die Barwerte der gegebenen Zahlungen heranzieht. Da

$$\frac{500 \text{ €}}{1{,}04} = 480{,}77 \text{ €} > 462{,}28 \text{ €} = \frac{500 \text{ €}}{1{,}04^2}$$

ist, entscheiden Sie sich dafür, schon nach einem Jahr den Betrag von 500 € zu erhalten.

In diesem Beispiel lässt sich die Lösung aber eleganter ohne Berechnung finden. Da der Zinssatz größer als 0% p.a. ist, ist die frühere Zahlung von 500 € natürlich mehr wert als die spätere Zahlung des gleichen Betrags. Wenn Sie nach einem Jahr 500 € erhalten, können Sie diese zu dem gegebenen Zinssatz anlegen und verfügen nach 2 Jahren über einen Betrag, der größer als 500 € ist. Würde man nur die Summe der Zahlungen vergleichen, d.h. in diesem Fall nur die Zahlungen von 500 € selbst, so würde man schließen, dass es aufgrund der gleichen Höhe der Zahlungen egal ist, für welche Alternative man sich entscheidet. Das ist offensichtlich falsch. □

Frühere Zahlungen eines Betrags haben also immer einen höheren Barwert als spätere Zahlungen desgleichen Betrags. Dieses resultiert aus der Tatsache, dass man die früher erhaltenen Beträge anlegen könnte und diese so Zinsen tragen.

Nur in dem Spezialfall, dass der Zinssatz 0% p.a. beträgt, sind Zahlungen des gleichen Betrags zu unterschiedlichen Zeitpunkten auch gleich viel wert.

Fortführung von Beispiel 4.3: Wenn Sie wiederum entweder in einem oder in zwei Jahren 500 € erhalten können, der Zinssatz für alle Laufzeiten aber 0% p.a. beträgt, ist es egal, welche Zahlung Sie wählen. Beide Zahlungen sind gleich viel wert, denn

$$\frac{500 \text{ €}}{(1+0)} = \frac{500 \text{ €}}{(1+0)^2} = 500 \text{ €}.$$

Ihr Barwert beträgt jeweils ebenfalls 500 €. □

4.4   Preise von Finanzinstrumenten

Über das Barwertprinzip lässt sich auch der Preis vieler Finanzinstrumente ableiten.

Beispiel 4.4: Sie kaufen ein Wertpapier mit einer Laufzeit von 4 Jahren und jährlichen Kuponzahlungen von 5% p.a. Die am Markt üblichen Zinsen betragen ebenfalls für alle Anlagezeiträume konstant 5% p.a. Am Ende der Laufzeit wird der Nennwert des Papiers in Höhe von 10.000 € zurückgezahlt. Welchen Barwert hat das Wertpapier heute? Welchen Preis sind Sie demnach bereit zu zahlen?

Lösung: Aus dem Wertpapier resultieren die zukünftigen Zinszahlungen in Höhe von 500 € in den nächsten 3 Jahren, sowie die Rückzahlung des Nennwertes zuzüglich der Zinszahlung für das letzte Jahr von insgesamt 10.500 € am Ende der Laufzeit. Es ergibt sich also ein Zahlungsstrom $Z_1 = Z_2 = Z_3 = 500$ €, $Z_4 = 10.500$ €. Diese Zahlungen haben heute, zu Beginn der Laufzeit, einen Wert von

$$\frac{500\ €}{1{,}05} + \frac{500\ €}{1{,}05^2} + \frac{500\ €}{1{,}05^3} + \frac{10.500\ €}{1{,}05^4} = 10.000\ €.$$

Der Barwert der zukünftigen Zahlungen entspricht also dem Nennwert des Wertpapiers in Höhe von 10.000 €. Dieses ist demnach der Preis, den Sie bereit sind zu entrichten.

Da Sie den Kaufpreis entrichten, können Sie ihn mit einem negativen Vorzeichen betrachten und zum Zahlungsstrom hinzufügen, so dass Sie nun den Zahlungsstrom $Z_0 = -10.000$ €, $Z_1 = Z_2 = Z_3 = 500$ €, $Z_4 = 10.500$ € erhalten. Für den Barwert gilt:

$$-10.000\ € + \frac{500\ €}{1{,}05} + \frac{500\ €}{1{,}05^2} + \frac{500\ €}{1{,}05^3} + \frac{10.500\ €}{1{,}05^4} = 0. \qquad \square$$

Dieses ist das „Kennzeichen" eines „fairen Geschäfts". Der entrichtete Preis entspricht dem Barwert der zukünftigen Zahlungen. Der Barwert des gesamten Zahlungsstroms ist daher gleich 0.

Im Laufe der Zeit verändern sich die Zinsen am Markt, während die Kuponzahlungen aus dem Wertpapier für die gesamte Laufzeit von 4 Jahren feststehen. So gewinnt oder verliert das Papier abhängig von der Richtung der Zinsänderung an Wert. Der „faire Preis" des Wertpapiers weicht so von dem ursprünglich entrichteten Zahlungsbetrag und damit vom Nennwert ab.

Lernhinweis: Die Änderung der Preise, d.h. der Kurse von Wertpapieren, während der Laufzeit wird im Kapitel 8 „Kurs- und Renditeberechnung" behandelt.

4.5 Partnerinterview

1. A: Wie kann man zwei Zahlungen, die zu unterschiedlichen Zeitpunkten erfolgen, vergleichen? Welche ist mehr wert?

   B: Wann sind zwei Zahlungen äquivalent?

2. A: Was versteht man unter einem Zahlungsstrom?

   B: Geben Sie den Zahlungsstrom eines festverzinslichen Wertpapiers mit 3 Jahren Laufzeit, einem Nominalbetrag von 1.000 € und einem Kuponzinssatz von 4,5% p.a. an!

3. A: Warum eignen sich die nominalen Summen nicht zum Vergleich zweier Zahlungsströme?

   B: Wie kann man zwei Zahlungsströme vergleichen?

4. A: Wann ist ein Finanzgeschäft „fair"?

   B: Nennen Sie ein Beispiel für ein „faires" Finanzgeschäft!

4.6 Übungen

1. Die am Markt herrschenden Zinsen für Anlagen und Kredite liegen für alle Laufzeiten bei 4% p.a. Sie brauchen kurzfristig 1.000 €. Ein Bekannter leiht Ihnen das Geld und stellt Ihnen frei, nach 3 Jahren 1.150 € oder nach 5 Jahren 1.225 € zurückzuzahlen. Für welche Rückzahlung entscheiden Sie sich?

2. Bei welchem Zinssatz haben 300 €, die Sie in 4 Jahren erhalten, den gleichen Wert wie 250 €, die Sie nach 2 Jahren erhalten?

3. Es gelte ein Zinssatz von 5% p.a. Sie können zwischen zwei Anlageformen wählen. Sie zahlen jeweils 9.000 €. Bei der ersten Anlage erhalten Sie 3 Jahre lang nachschüssig 800 € und nach dem vierten Jahr 8.500 €. Bei der zweiten Anlage erhalten Sie 4 Jahre lang nachschüssig 600 € und nach dem fünften Jahr 8.700 €.

   a) Stellen Sie die Zahlungsströme dar!

   b) Welche Anlageform wählen Sie?

   c) Würden Sie die andere Anlageform dann wählen, wenn die rentablere nicht zur Auswahl stünde?

4. Sie zahlen heute 100 € und erhalten am Ende des ersten Jahres 50 €, am Ende des zweiten Jahres 60 €. Bei welchem Zinssatz handelt es sich um ein faires Geschäft?

5 Investitionsrechnung

5.1 Lernziele

Dieses Kapitel gibt eine Einführung in die Investitionsrechung. Nach Bearbeitung des Kapitels sollte der Leser in der Lage sein,

- eine Investition formal zu beschreiben,

- zu erklären, was eine Normalinvestition ist,

- zu erläutern, mit welchen Methoden man eine einzelne Investition auf Rentabilität prüft,

- über das Barwertprinzip die Rentabilität einer Investition zu beurteilen,

- über den inneren Zinssatz zu entscheiden, ob sich die Tätigung einer Investition lohnt,

- die Amortisationsdauer einer Investition zu berechnen,

- zu entscheiden, welches Verfahren sich für den Vergleich von zwei oder mehr Investitionsalternativen eignet und welche Verfahren für den Vergleich von Investitionen nicht geeignet sind.

5.2 Einführung

Beispiel 5.1: Eine Immobilienfirma überlegt, ein Zweifamilienhaus für 300.000 € zu kaufen. Die monatlichen Mieteinnahmen für beide Wohnungen setzt die Firma mit 1.500 € an. Der Einfachheit halber sei davon ausgegangen, dass die Mieteinnahmen jeweils am Ende eines Jahres für das gesamte Jahr eingezahlt werden. Die Immobilienfirma möchte in den ersten beiden Jahren noch Renovierungsarbeiten in Höhe von je 5.000 €, zahlbar jeweils am Ende des Jahres, vornehmen. Am Ende des fünften Jahres erwartet sie, das Haus für 340.000 € wieder verkaufen zu können.

Über die Mieteinnahmen erzielt die Firma jährlich Einnahmen von 18.000 €. Abzüglich der Ausgaben der ersten beiden Jahre hat sie so Überschüsse von 13.000 € in den ersten beiden Jahren. Im dritten und vierten Jahr liegen nur die Mieteinnahmen von 18.000 € vor, im fünften Jahr ergibt sich mit dem Erlös des verkauften Hauses ein Überschuss von 358.000 €.

Abbildung 5-1:   *Zahlungsstrom eines Immobiliengeschäfts (Beispiel 5.1)*

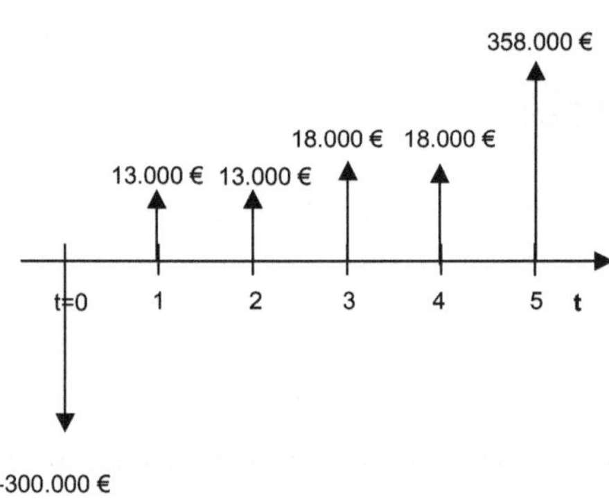

□

Das Beispiel illustriert die charakteristischen Merkmale von Investitionen. Auf eine anfängliche Auszahlung folgen, neben eventuellen weiteren Auszahlungen in den nachfolgenden Jahren, Rückflüsse, d.h. Einzahlungen aus dem Investitionsprojekt. Aus- und Einzahlungen sind zeitlich stark versetzt. Wie wir in Kapitel 4 „Barwertprinzip" gesehen haben, kann daher die zeitliche Komponente nicht außer acht gelassen werden.

Des weiteren wird deutlich, dass zur Investition gehörende Zahlungsreihen von Aus- und Einzahlungen nur auf Schätzungen und Erwartungen beruhen. Zwar erwartet die beschriebene Firma Mieteinnahmen von 18.000 € pro Jahr. Eventuelle Ausfälle durch zeitweise leer stehende Wohnungen, etc. werden aber nicht berücksichtigt. Ebenso wird ein Verkaufserlös von 340.000 € erhofft. Ob sich für diesen Preis aber wirklich termingerecht ein Käufer findet, steht noch nicht fest. Dieses „Problem" haftet allen Investitionen an, da hier in der Zukunft anfallende und also mit Unsicherheit behaftete Zahlungen auftreten. Als Lösung kann man versuchen, die erwarteten Zahlungen so genau wie möglich zu schätzen und der Unsicherheit durch Berechnung alternativer Szenarien, wie etwa eines „worst-case-Falles", Rechnung zu tragen.

Ziel der Investitionstheorie ist es, zu entscheiden, ob sich eine Investition, wie hier der Kauf einer Immobilie, lohnt.

5.3 Notationen und Begriffe

Wir wollen im Folgenden voraussetzen, dass zu Beginn des ersten Jahres, d.h. zum Zeitpunkt t = 0, eine **Anfangsauszahlung** A_0 erfolgt. Erst in den folgenden Perioden werden neben eventuellen weiteren **Auszahlungen** A_j auch **Einzahlungen** E_j erzielt. Diese Zahlungen erfolgen jeweils am Ende eines Jahres. Für den Investor ist hauptsächlich der resultierende **Periodenüberschuss** $P_j = A_j - E_j$ als Differenz von Aus- und Einzahlungen von Interesse. Tabelle 5-1 stellt die Zusammenhänge noch einmal dar.

Tabelle 5-1: *Einzahlungen, Auszahlungen und Periodenüberschüsse einer Investition*

Zeit	t=0	t=1	t=2	...	t=n
Einzahlungen	-	E_1	E_2		E_n
Auszahlungen	A_0	A_1	A_2		A_n
Periodenüberschüsse	$P_0 = -A_0$	$P_1 = E_1 - A_1$	$P_2 = E_2 - A_2$		$P_n = E_n - A_n$

Bemerkung: Wir werden in diesem Kapitel von einem konstanten Zinssatz i für alle Laufzeiten ausgehen.

Wir betrachten im Folgenden nur so genannte Normalinvestitionen.

Definition: Eine **Normalinvestition**[26]

1. beginnt mit einer Anfangsauszahlung,

2. besitzt nur einen Vorzeichenwechsel der Periodenüberschüsse und

3. erfüllt das Deckungskriterium, d.h. die (nominale) Summe der Einzahlungen ist größer als die Summe der Auszahlungen.

Bemerkungen:

Zu 1.: Den Beginn einer Investition mit einer Anfangsauszahlung hatten wir in der obigen Beschreibung und in Tabelle 5-1 bereits vorausgesetzt.

Zu 2.: Da die Investition mit einer Auszahlung, d.h. einem negativen Vorzeichen der Periodenüberschüsse beginnt, tritt ein einziger Vorzeichenwechsel der Periodenüberschüsse z.B. dann auf, wenn nach der Anfangsauszahlung nur noch positive Perioden-

---

[26] S. z.B. *Tietze*, 2003, S. 396.

überschüsse vorliegen (- + + ... +) oder wenn nach einigen Jahren von negativen Periodenüberschüssen nur noch positive Periodenüberschüsse folgen (- - ... - + + + ... +).

Zu 3.: Eine Investition , bei der die (nominale) Summe der Einzahlungen kleiner als die Summe der Auszahlungen ist, kann sich für den Investor nicht lohnen. Unabhängig vom Zinssatz wird er einen zur Finanzierung der Auszahlungen aufgenommenen Kredit durch die eingehenden Zahlungen nicht zurückzahlen können.

Ist die Summe der Einzahlungen hingegen größer als die Summe der Auszahlungen, kann man noch nicht entscheiden, ob sich die Investition auch rentiert. Die zeitliche Verzögerung der Einzahlungen gegenüber den Auszahlungen muss berücksichtigt werden.

Fortführung von Beispiel 5.1: Bei dem in Beispiel 5.1 betrachteten Investitionsvorhaben handelt es sich um eine Normalinvestition. Es entstehen die folgenden Zahlungen und Periodenüberschüsse:

Tabelle 5-2:   *Einzahlungen, Auszahlungen und Periodenüberschüsse (Beispiel 5.1)*

Zeit	t=0	t=1	t=2	t=3	t=4	t=5
Einzahlungen	-	18.000 €	18.000 €	18.000 €	18.000 €	358.000 €
Auszahlungen	300.000 €	5.000 €	5.000 €	-	-	-
Periodenüberschüsse	-300.000 €	13.000 €	13.000 €	18.000 €	18.000 €	358.000 €

Zunächst wird eine Anfangsauszahlung in Höhe von 300.000 € getätigt. Ab dem Ende des ersten Jahres folgen nur noch Periodenüberschüsse. Zudem ist das Deckungskriterium erfüllt, da die nominale Summe der zukünftigen Einzahlungen mit 430.000 € deutlich größer ist als die Summe der Auszahlungen von 310.000 €. ◻

Bei den meisten realistischen Beispielen für Investitionen handelt es sich um Normalinvestitionen.[27]

---

[27] Zu Investitionen, die keine Normalinvestitionen darstellen, s. z.B. *Tietze*, 2003, S. 410 ff.

5.4 Barwertmethode

Die Investitionstheorie stellt eines der wichtigsten praktischen Anwendungsgebiete des Barwertprinzips dar. Über das Barwertprinzip erhält der Investor die Möglichkeit zu entscheiden, ob sich eine geplante Investition für ihn lohnt oder nicht.

5.4.1 Beurteilung eines einzelnen Investitionsprojektes

Fortführung von Beispiel 5.1: Wir betrachten nun den in Beispiel 5.1 geplanten Kauf eines Zweifamilienhauses genauer. Bei ihrer Hausbank erhält die Immobilienfirma für Anlagen wie für Kredite einen Zinssatz von 6% p.a. Lohnt sich die Investition für die Firma?

Der Barwert der in der Zukunft (ab t = 1) liegenden Periodenüberschüsse (s. Tabelle 5-2) beträgt

$$\frac{13.000}{(1+0,06)} + \frac{13.000}{(1+0,06)^2} + \frac{18.000}{(1+0,06)^3} + \frac{18.000}{(1+0,06)^4} + \frac{358.000}{(1+0,06)^5} = 320.723,36 \ €.$$

Dem steht die Anfangsauszahlung von 300.000 € gegenüber. Da der Barwert der zukünftigen Einzahlungen höher ist als die Anfangsauszahlung, lohnt sich die Investition für die Immobilienfirma. □

Das Barwertprinzip liefert eine allgemeine Entscheidungsregel über die Rentabilität einer Investition. Der Barwert der zukünftigen Periodenüberschüsse beträgt dabei

$$K_0' = \sum_{j=1}^{n} \frac{P_j}{(1+i)^j} = \sum_{j=1}^{n} \frac{E_j - A_j}{(1+i)^j}. \tag{5.1}$$

Er stellt die auf den Beginn der Investition abgezinsten Erträge aus dem Investitionsprojekt dar.

- Die Investition lohnt sich dann für den Investor, wenn der Barwert K_0' der zukünftigen Periodenüberschüsse größer als die Anfangsauszahlung A_0 ist, d.h. $K_0' > A_0$. Sie lohnt sich um so mehr, je größer K_0' ist.

- Der Investor macht weder Gewinne noch Verluste, wenn der Barwert der zukünftigen Periodenüberschüsse der Anfangsinvestition entspricht, d.h. $K_0' = A_0$.

- Die Investition stellt für den Investor einen Verlust dar, wenn $K_0' < A_0$ ist.

Der Barwert der zukünftigen Periodenüberschüsse und die Anfangsauszahlung können auch zusammengefasst werden und liefern den **Nettobarwert der Investition** $K_0 = K'_0 - A_0$, d.h.

$$K_0 = \sum_{j=1}^{n} \frac{P_j}{(1+i)^j} - A_0. \tag{5.2}$$

Die Entscheidung über die Rentabilität der Investition kann dadurch nach dem Vorzeichen des Nettobarwertes vorgenommen werden.

■ Die Investition lohnt sich für den Investor, wenn der Nettobarwert größer als 0 ist, d.h. $K_0 > 0$. Sie lohnt sich um so mehr, je größer K_0 ist.

■ Der Investor macht weder Gewinne noch Verluste, wenn $K_0 = 0$ ist.

■ Die Investition bedeutet hingegen einen Verlust für den Investor, wenn $K_0 < 0$ ist.

Fortführung von Beispiel 5.1: Bei der Investition „Kauf eines Zweifamilienhauses" steht der Anfangsauszahlung von 300.000 € ein Barwert der erwarteten Periodenüberschüsse von 320.723,36 € gegenüber. Das Projekt hat also einen Nettobarwert von 320.723,36 € - 300.000 € = 20.723,36 €, den (barwertigen) Gewinn der Immobilienfirma.

Nimmt man heute einen Kredit über 300.000 € bei einem Zinssatz von 6% p.a. auf, so kann man durch die zukünftigen Erträge aus der Investition den Kredit nach und nach tilgen. Am Ende des fünften Jahres ist der Kredit dann nicht nur vollständig getilgt, sondern es verbleibt ein positiver Restbetrag in Höhe von 27.732,54 €, der gerade einen Barwert von 20.723,36 € besitzt. Bei einer Anlage von 20.723,36 € (die man allerdings nicht besessen hat!) hätte man also den gleichen Betrag erwirtschaftet wie über die Investition. Der Nettobarwert von 20.723,36 € entspricht daher dem Gewinn der Investition. □

5.4.2 Zur Wahl des Kalkulationszinssatzes

Den in der Investitionsrechnung verwendeten Zinssatz bezeichnet man als **Kalkulationszinssatz**. Die Interpretation und damit die Festlegung eines angemessenen Kalkulationszinssatzes aus den Marktdaten hängt von dem betrachteten Investitionsproblem ab. Ist das Projekt vollständig **eigenfinanziert**, d.h. besitzt man die finanziellen Mittel zur Tätigung aller Ausgaben der Investition, so lässt sich als Kalkulationszinssatz ein Guthabenzinssatz einer alternativen Geldanlage (Sparbuch, Wertpapiere, etc.) wählen. Die Investition lohnt sich dann für den Investor, wenn sie eine bessere Verzinsung gewährt als die alternative Geldanlage. Da das Risiko einer Investition aber meist höher ist als das Risiko einer Anlage in Wertpapieren oder auf einem Konto, wird in der Literatur oft ein Risikozuschlag hinzugerechnet. Dadurch resultiert z.B. aus einem

Habenzinssatz von 5% p.a. bei Berücksichtigung eines Risikozuschlags von 2% p.a. ein Kalkulationszinssatz von 7% p.a. Hinzu kommt, dass Investitionen meist mit mehr Arbeit verbunden sind als die reine Geldanlage. Ob sich eine Investition bereits lohnt, wenn die Barwerte der Rückzahlungen bei Ansatz des Habenzinssatzes zur Abzinsung die Anfangsauszahlung ein wenig überschreiten, ist fraglich. Auch hier könnte man einen Zuschlag zum Zinssatz wählen, um zu einem Zinssatz zu kommen, den man auf jeden Fall erwirtschaften möchte, damit sich die Investition subjektiv lohnt.

Besitzt man die Mittel für die Investition nicht, d.h. muss die Investition **fremdfinanziert** werden, so muss für den Kalkulationszinssatz zumindest der Kreditzinssatz angesetzt werden. Die Rückzahlungen aus der Investition tilgen dann den Kredit, der ausstehende Betrag verursacht noch Zinskosten in Höhe des Kalkulationszinssatzes. Auch hier kann ein Risikozuschlag hinzugerechnet werden.

Bei Investitionen, bei denen zum Teil Mittel aufgenommen werden müssen, zum Teil Erträge angelegt werden, kann die Berechnung der Vorteilhaftigkeit der Investition unter Verwendung unterschiedlicher Soll- und Habenzinssätze erfolgen. Die Verwendung eines einheitlichen Soll- und Habenzinssatzes ist nicht zwingend notwendig. Wir nehmen in der Folge zur Vereinfachung der Berechnung jedoch einheitliche Soll- und Habenzinssätze an.[28]

Fortführung von Beispiel 5.1: Wir betrachten noch einmal den in Beispiel 5.1 geplanten Kauf eines Zweifamilienhauses. Die Immobilienfirma möchte die Investition nur dann tätigen, wenn die Investition wegen des entstehenden Risikos und die mit ihr verbundene Arbeit einen 3% p.a. höheren Zinssatz als eine risikoarme Geldanlage erbringt. Der Bankzinssatz für Anlagen und Kredite sei weiterhin 6% p.a. Lohnt sich die Investition auch bei diesem Ansatz?

Lösung: Der Kalkulationszinssatz der Firma beträgt nun 6% p.a. + 3% p.a. = 9% p.a. Aus dem Nettobarwert von

$$-300.000\ € + \frac{13.000\ €}{1,09} + \frac{13.000\ €}{1,09^2} + \frac{18.000\ €}{1,09^3} + \frac{18.000\ €}{1,09^4} + \frac{358.000\ €}{1,09^5} = -17.805,16\ €$$

ergibt sich, dass sich der Kauf des Hauses für die Firma nicht lohnt, da sie die gegenüber einer sicheren Geldanlage geforderten zusätzlichen 3% p.a. nicht erwirtschaften kann. □

---

[28] Zu dem Problem des Kalkulationszinssatzes vgl. auch *Kobelt/Schulte*, 1999, S. 72 ff., *Olfert/Reichel*, 2003, S. 64, ff. und *Däumler*, 2003, S. 30 ff.

5

5.4.3 Vergleich mehrerer Investitionsalternativen

Die Barwertmethode eignet sich auch zur Entscheidung darüber, welche von zwei oder mehr Investitionsalternativen gewählt werden sollte, um den Gewinn des Investors zu maximieren.

Beispiel 5.2: Hugo Schmidt möchte sich für ein paar Jahre selbstständig machen. Er überlegt, ob er einen Kiosk für 50.000 € erwerben soll, aus dem er in den ersten beiden Jahren Periodenüberschüsse in Höhe von je 5.000 € und im dritten Jahr von 10.000 € erwarten kann. Im vierten Jahr plant er durch den Verkauf des Kiosks und die Einnahmen des laufenden Jahres einen Periodenüberschuss von 55.000 € zu erzielen. Alternativ könnte er ein Taxi für 25.000 € erwerben, bei dem er 3 Jahre lang mit Einnahmen von 7.500 € pro Jahr rechnet. Am Ende des dritten Jahres würde er das Taxi für 15.000 € wieder verkaufen.

Den Kalkulationszinssatz setzt Hugo Schmidt mit 8% p.a. an.

Tabelle 5-3:   *Periodenüberschüsse zweier verschiedener Investitionen*

Zeit	Kiosk	Taxi
t=0	-50.000 €	-25.000 €
t=1	5.000 €	7.500 €
t=2	5.000 €	7.500 €
t=3	10.000 €	22.500 €
t=4	55.000 €	-

Tabelle 5-4 zeigt die Periodenüberschüsse beider Investitionsalternativen. Beurteilt man die Alternativen getrennt, so sieht man, dass sich die Investition in den Kiosk rentiert, da sie mit

$$-50.000 \ € + \frac{5.000 \ €}{1,08} + \frac{5.000 \ €}{1,08^2} + \frac{10.000 \ €}{1,08^3} + \frac{55.000 \ €}{1,08^4} = 7.281,29 \ €$$

einen positiven Nettobarwert besitzt. Die Investition in ein Taxi würde sich wegen

$$-25.000 \ € + \frac{7.500 \ €}{1,08} + \frac{7.500 \ €}{1,08^2} + \frac{22.500 \ €}{1,08^3} = 6.235,71 \ €$$

ebenfalls lohnen.

Aufgrund des höheren erwarteten Nettobarwertes ist die Investition in den Kiosk aber rentabler als die Investition in ein Taxi.   □

Bei der Entscheidung für eine von mehreren alternativen Investitionsvorhaben wählt man diejenige Alternative, die den höchsten Nettobarwert aufweist. Zusätzlich ist zu prüfen, ob der Nettobarwert des ausgewählten Investitionsvorhabens positiv ist. Man wird sich nur für ein Projekt entscheiden, wenn es für sich genommen rentabel ist.

5.5 Innerer Zinssatz

5.5.1 Beurteilung eines einzelnen Investitionsprojektes

Beispiel 5.3 (Fortführung von Beispiel 5.1): Im vorigen Abschnitt haben wir gesehen, dass sich die Investition in ein Zweifamilienhaus bei einem Bankzinssatz von 6% p.a. und einem Risikozuschlag von 3% p.a. nicht lohnt. Nachdem die Immobilienfirma das Projekt eine Weile auf Eis gelegt hat, sinkt der Bankzinssatz auf 4% p.a., die erwarteten Auszahlungen und Einzahlungen, sowie der Ansatz eines Risikozuschlags in Höhe von 3% p.a. bleiben bestehen. Lohnt sich der Kauf des Hauses nun?

Lösung: Mit dem gesunkenen Bankzinssatz ergibt sich ein Kalkulationszinssatz von 4% p.a. + 3% p.a. = 7% p.a. Damit erhält man einen Nettobarwert der Investition von

$$-300.000\ € + \frac{13.000\ €}{1{,}07} + \frac{13.000\ €}{1{,}07^2} + \frac{18.000\ €}{1{,}07^3} + \frac{18.000\ €}{1{,}07^4} + \frac{358.000\ €}{1{,}07^5} = 7.178{,}76\ €.$$

Die Investition würde sich in der geänderten Situation also lohnen, da der Nettobarwert positiv ist. □

Im Beispiel lohnt sich die Investition bei einem Kalkulationszinssatz von 9% p.a. nicht. Wird der Kalkulationszinssatz mit 7% p.a. angesetzt, lohnt sie sich. Würde der Zinssatz noch niedriger angesetzt werden können, würde sich die Investition erst recht lohnen. Zwischen 7% p.a. und 9% p.a. wird ein Zinssatz liegen, bei dem sich die Investition gerade weder lohnt noch man einen Verlust machen würde, d.h. bei dem der Nettobarwert 0 ist. Diesen Zinssatz bezeichnet man als **inneren Zinssatz** i_{inn} der Investition. Die allgemeine Abhängigkeit des Nettobarwerts vom Kalkulationszinssatz wird durch Abbildung 5-2 illustriert.

Abbildung 5-2:   *Abhängigkeit des Nettobarwerts vom Kalkulationszinssatz*

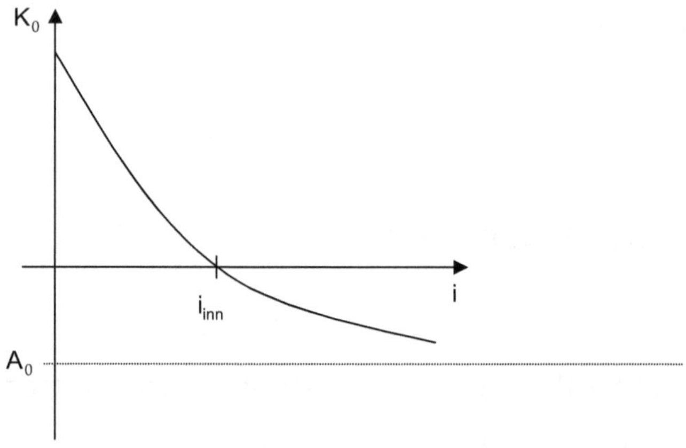

Für den inneren Zinssatz wird der Nettobarwert der Investition 0, d.h. es gilt

$$-A_0 + \frac{P_1}{(1+i_{inn})} + \frac{P_2}{(1+i_{inn})^2} + \frac{P_3}{(1+i_{inn})^3} + \ldots + \frac{P_n}{(1+i_{inn})^n} = 0. \tag{5.3}$$

Wie lässt sich der innere Zinssatz i_{inn} bestimmen? Es ist der Zinssatz i_{inn} zu ermitteln, für den der Nettobarwert 0 ergibt, d.h. die obige Gleichung ist nach dem inneren Zinssatz aufzulösen. Dieses ist in manchen Fällen analytisch, d.h. durch explizite Berechung möglich, etwa wenn die Investition nur eine Laufzeit von 1 oder 2 Jahren hat oder wenn die zukünftigen Periodenüberschüsse konstant sind. In den meisten Fällen ist eine explizite Lösung aber nicht möglich. In diesem Fall muss man auf **Näherungslösungen** zurückgreifen. Hierfür existieren diverse Verfahren, wie z.B. das Newton-Verfahren oder die „Regula Falsi"[29]. Wir begnügen uns hier mit einer einfachen **Intervallschachtelung**.

Beispiel 5.4 (Fortführung von Beispiel 5.1): Damit sich die Investition in das Zweifamilienhaus gerade weder lohnt, noch der Investor Verluste macht, muss gelten

$$-300.000\ \text{€} + \frac{13.000\ \text{€}}{(1+i_{inn})} + \frac{13.000\ \text{€}}{(1+i_{inn})^2} + \frac{18.000\ \text{€}}{(1+i_{inn})^3} + \frac{18.000\ \text{€}}{(1+i_{inn})^4} + \frac{358.000\ \text{€}}{(1+i_{inn})^5} = 0.$$

Im Beispiel haben wir es mit einem Polynom höherer als vierter Ordnung zu tun. Für diese Art von Polynomgleichungen existieren im allgemeinen keine analytischen Lö-

---

[29]   S. z.B. *Tietze*, 2003, S. 233.

sungen. Man kann sie nicht explizit nach der Unbekannten auflösen.[30] Den inneren Zinssatz bestimmen wir durch Intervallschachtelung.

Wir wissen bereits, dass der innere Zinssatz zwischen 7% p.a. und 9% p.a. liegt. So können wir nun z.B. einen Zinssatz von 8% p.a. „ausprobieren" und erhalten einen Nettobarwert von

$$K_0(8\%) = -300.000\ € + \frac{13.000\ €}{1,08} + \frac{13.000\ €}{1,08^2} + \frac{18.000\ €}{1,08^3} + \frac{18.000\ €}{1,08^4} + \frac{358.000\ €}{1,08^5}$$

$$= -5.649,26\ €.$$

Da der Nettobarwert bei einem Zinssatz von 7% p.a. positiv, bei einem Zinssatz von 8% p.a. aber negativ ist, muss der innere Zinssatz zwischen 7% p.a. und 8% p.a. liegen. Für 7,5% p.a. erhält man $K_0(7,5\%) = 678,04\ €$, der Nettobarwert liegt demnach zwischen 7,5% p.a. und 8% p.a. Durch weiteres Ausprobieren können wir schließlich einen inneren Zinssatz von 7,56% p.a. (gerundet auf 2 Stellen) ermitteln.

Die Investition „Zweifamilienhaus" besitzt einen inneren Zinssatz von 7,56% p.a. Die Investition lohnt sich also nur dann, wenn der Kalkulationszinssatz kleiner als 7,56% p.a. ist.

Interpretation: Interpretieren wir den Kalkulationszinssatz einmal als Habenzinssatz einer Sparanlage und gehen davon aus, dass die Immobilienfirma über 300.000 € verfügt. Die Firma erwirtschaftet dann durch die Investition mehr als bei einer Geldanlage des Betrags von 300.000 € bei einer Bank, wenn der Habenzinssatz kleiner als 7,56% p.a. ist. Ist der Habenzinssatz größer als 7,56% p.a., so könnte die Firma ihr Geld besser auf einem Sparbuch anlegen und hätte nach 5 Jahren einen höheren Betrag zur Verfügung als bei der Investition in das Haus. Den inneren Zinssatz kann man auch als Rendite der Investition bezeichnen.

Nimmt die Firma zur Finanzierung der Investition einen Kredit auf, erfolgt die Interpretation ähnlich. Bei einem Kreditzinssatz, der größer als 7,56% p.a. ist, kann die Investition die entstehenden Zinskosten nicht erwirtschaften. Die Immobilienfirma hat ihren Kredit nach 5 Jahren dann noch nicht vollständig zurückgezahlt. Die Investition lohnt sich also nur bis zu einem Sollzinssatz von 7,56% p.a., dem inneren Zinssatz. □

Allgemein gilt also analog:

Hat man den inneren Zinssatz einer Investition gegeben, kann man über die **Rentabilität** der Investition **entscheiden**:

---

[30] S. auch *Köhler*, 1992, S. 79.

- Ist der innere Zinssatz i_{inn} größer als der Kalkulationszinssatz, so lohnt sich die Investition für den Investor und zwar um so mehr, je höher der innere Zinssatz ist.

- Die Investition bedeutet weder einen Gewinn noch einen Verlust für den Investor, wenn der innere Zinssatz genau dem Kalkulationszinssatz entspricht.

- Ist der Kalkulationszinssatz größer als der innere Zinssatz i_{inn}, so macht der Investor einen Verlust.

5.5.2   Vergleich mehrerer Investitionsalternativen

Der innere Zinssatz ist kein geeignetes Kriterium, um 2 oder mehr Investitionen zu vergleichen.

Beispiel 5.5 (Fortführung von Beispiel 5.2): Wir betrachten noch einmal die beiden Investitionsalternativen von Hugo Schmidt. In Beispiel 5.2. hatten wir gesehen, dass sich die Investition in den Kiosk für Hugo Schmidt stärker lohnt als die Investition in das Taxi. Berechnet man allerdings die inneren Zinssätze der Investition, so ergibt sich für das Kioskprojekt ein innerer Zinssatz von 12,34% p.a., für das Taxi ein innerer Zinssatz von 19,0% p.a. Die Investition in den Kiosk würde sich bis zu einem Kalkulationszinssatz von 12,34% p.a., die in das Taxi bis 19,0% p.a. lohnen. Dennoch ist beim **gegebenen** Kalkulationszinssatz von 8% p.a. der Nettobarwert des Kioskprojekts größer. Allein dieses Kriterium ist für die Entscheidung zwischen den Investitionen ausschlaggebend.[31]   □

5.6   Amortisationsdauer

Definition: Als Amortisationsdauer bezeichnet man die Zeit, die vergeht, bis sich eine Investition rentiert, d.h. bis die Erträge der Investition unter Berücksichtigung der zeitlichen Verzögerung die getroffenen Ausgaben überwiegen.

5.6.1   Beurteilung eines einzelnen Investitionsprojektes

Beispiel 5.6: Eine Investition in eine mobile Würstchenbude sei durch folgende Periodenüberschüsse gekennzeichnet:

---

[31]   Zum inneren Zinssatz bei mehreren Investitionsalternativen s. z.B. auch *Tietze*, 2003, S. 409.

Tabelle 5-4:   *Beispiel zur Amortisationsdauer eines Investitionsprojektes*

Zeit	Periodenüberschuss
t=0	-10.000 €
t=1	5.000 €
t=2	4.000 €
t=3	4.000 €
t=4	2.000 €

Es wird ein Kalkulationszinssatz von 5% p.a. angesetzt.

Nach dem Barwertprinzip kann man ermitteln, dass sich die gesamte Investition lohnt, da

$$-10.000\ \text{€} + \frac{5.000\ \text{€}}{1,05} + \frac{4.000\ \text{€}}{1,05^2} + \frac{4.000\ \text{€}}{1,05^3} + \frac{2.000\ \text{€}}{1,05^4} = 3.490,78\ \text{€} > 0$$

ist. Tatsächlich hat sie sich aber bereits nach dem dritten Jahr rentiert, denn für den Barwert der Periodenüberschüsse der ersten 3 Jahre gilt

$$-10.000\ \text{€} + \frac{5.000\ \text{€}}{1,05} + \frac{4.000\ \text{€}}{1,05^2} + \frac{4.000\ \text{€}}{1,05^3} = 1.845,37\ \text{€} > 0.$$

Nach 2 Jahren hätte sich die Investition aber noch nicht gelohnt, da

$$-10.000\ \text{€} + \frac{5.000\ \text{€}}{1,05} + \frac{4.000\ \text{€}}{1,05^2} = -1.609,98\ \text{€} < 0.$$

Die Amortisationsdauer beträgt demnach 3 Jahre. ☐

Als **Entscheidungsregel** lässt sich also festhalten: Ist die Amortisationsdauer kleiner als die geplante Laufzeit der Investition oder entspricht sie genau der Laufzeit, so lohnt sich die Investition. Ist die Amortisationsdauer größer als die Laufzeit der Investition, so ist die Investition unrentabel.

5.6.2   Vergleich mehrerer Investitionsalternativen

Über die Amortisationsdauer lässt sich nur eine einzelne Investition beurteilen. Sie ist kein geeignetes Kriterium, um herauszufinden, welche von zwei oder mehr Investitionen die bessere ist.

5

Beispiel 5.7: Der Kalkulationszinssatz sei 5% p.a. Gegeben seien die folgenden Periodenüberschüsse der beiden Investitionen A und B:

Tabelle 5-5:   *Beispiel zur Amortisationsdauer zweier verschiedener Investitionen*

Zeit	Investition A	Investition B
t=0	-1.000 €	-1.000 €
t=1	1.100 €	0 €
t=2	0 €	10.000 €

Investition A hat sich bereits nach einem Jahr amortisiert, da

$$-1.000\ € + \frac{1.100\ €}{1,05} = 47,62\ €.$$

Obwohl Investition B eine längere Amortisationsdauer von 2 Jahren hat, ist sie jedoch die rentablere Alternative, da sie mit

$$-1.000\ € + \frac{10.000\ €}{1,05^2} = 9117,91\ €$$

einen wesentlich höheren Barwert als Investition A hat.   □

5.7   Partnerinterview

1. A: Was ist eine Normalinvestition? Nennen Sie ein Beispiel!

    B: Nennen Sie ein Beispiel für eine Investition, die keine Normalinvestition ist!

2. A: Wie entscheidet man nach der Barwertmethode über die Rentabilität einer Investition?

    B: Was ist der Nettobarwert einer Investition? Wie wird die Entscheidung über die Rentabilität einer Investition über den Nettobarwert, wie über den Barwert der zukünftigen Periodenüberschüsse getroffen? Erläutern Sie den Zusammenhang!

3. A: Was ist der innere Zinssatz einer Investition?

    B: Wie kann man den inneren Zinssatz einer Investition bestimmen?

4. A: Eignet sich der innere Zinssatz für den Vergleich zweier Investitionen?

B: Wie entscheidet man, welche von 2 oder mehr Investitionsalternativen die rentabelste ist?

5. A: Was ist die Amortisationsdauer? Geben Sie ein Beispiel für Ihre Berechnung? Wann lohnt sich nach dem Kriterium der Amortisationsdauer eine Investition?

6. B: Warum eignet sich die Amortisationsdauer nicht zum Vergleich zweier Investitionen? Nennen Sie ein eigenes Beispiel!

5.8   Übungen

1. Ein Unternehmer plant den Bau eines Freizeitparks für 6 Mio. €. Für die nächsten 3 Jahre werden folgende Ein- und Auszahlungen prognostiziert:

Tabelle 5-6:   *Ein- und Auszahlungen einer Investition*

	t=1	t=2	t=3
Einzahlungen	1 Mio. €	4 Mio. €	6 Mio. €
Auszahlungen	0,5 Mio. €	1 Mio. €	2 Mio. €

a)   Handelt es sich um eine Normalinvestition?

b)   Lohnt sich die Investition für den Unternehmer bei einem Kalkulationszinssatz von 9% p.a., bzw. von 10% p.a.?

c)   Ermitteln Sie den inneren Zinssatz auf eine Nachkommastelle genau!

2. Max investiert 20.000 € in ein Taxi. Im ersten Jahr erzielt er einen Überschuss von 12.000 €, im zweiten von 11.000 €. Der Kalkulationszinssatz beträgt 8% p.a. Ermitteln Sie über den inneren Zinssatz, ob sich diese Investition für Max gelohnt hat.

3. Die folgende Tabelle 5-7 gibt die Periodenüberschüsse einer Investition in Mio. € an. Ermitteln Sie die Amortisationsdauer! Lohnt sich die Investition bei einem Kalkulationszinssatz von 6% p.a.?

Tabelle 5-7:   *Periodenüberschüsse einer Investition*

	t=0	t=1	t=2	t=3	t=4	t=5
Periodenüberschüsse	-30	9	6	20	5	5

6 Rentenrechnung

6.1 Lernziele

Nach Durcharbeitung des Kapitels sollte der Leser in der Lage sein,

- den Begriff der Rente im finanzmathematischen Verständnis zu definieren,

- verschiedene Arten der Rentenzahlung (vor- und nachschüssig) gegeneinander abzugrenzen,

- eine Rente grafisch auf einer Zeitachse darzustellen,

- den Endwert und den Barwert von vor- und nachschüssigen Renten zu berechnen und zu interpretieren,

- praktische Zahlungsreihen in verschiedene Renten und Einmalzahlungen zu zerlegen,

- die Dauer, bzw. Rate einer aus einer Einmalzahlung zu erhaltenden Rente zu berechnen,

- den Begriff der ewigen Rente zu definieren,

- den Barwert und die Rate einer ewigen Rente zu berechnen und zu interpretieren,

- bei Nichtübereinstimmung von Renten- und Zinsperiode das Vorgehen zur Berechnung von End- und Barwert zu erläutern.

6.2 Einführung

Jeder hat eine bestimmte Vorstellung davon, was man unter einer Rente versteht. Im Alltag verstehen wir darunter die meist monatliche Zahlung, die man nach dem Ausscheiden aus dem Berufsleben in mehr oder weniger konstanter Höhe bis zum Tod erhält.

In der Finanzmathematik ist der Begriff einerseits etwas weiter gefasst, unterliegt andererseits aber auch Einschränkungen gegenüber der Alltagsdefinition.

Definition: Als **Rente** bezeichnet man in der Finanzmathematik jeden endlichen (oder unendlichen) Zahlungsstrom mit konstanten Zahlungen, die in periodischen Abständen erfolgen. Die einzelnen Zahlungen der Rente heißen **Raten**, den Zeitraum zwischen zwei Ratenzahlungen nennt man die **Rentenperiode**.

Konstante monatliche Bezüge, die man für eine festgelegte Zeit im Ruhestand erhält, fallen unter diese Definition. Hierunter können aber ebenso alle weiteren Zahlungsströme mit konstanten Zahlungen eingeordnet werden, die mit einer Altersrente nichts zu tun haben müssen. So ist eine monatliche konstante Gehaltszahlung während einer Zeit von 5 Jahren ebenso eine Rente wie die konstanten Zinszahlungen eines Wertpapiers. Wertpapiere mit festem Zinssatz nennt man oft auch „Rentenpapiere".

Beispiel 6.1: Sie möchten ab Ihrem 65. Geburtstag zusätzlich zu Ihrer gesetzlichen Rente aus einer privaten Rentenversicherung 500 € pro Monat zur Verfügung haben. Über diesen Betrag wollen Sie 20 Jahre lang verfügen. Welchen Betrag müssen Sie an Ihrem 65. Geburtstag angespart haben?

Nehmen wir an, Sie sind jetzt 25 Jahre alt. Wie viel Geld müssen Sie von nun an, bis zu Ihrem 65. Geburtstag monatlich zurücklegen, damit Sie im Alter die oben beschriebenen Beträge zur Verfügung haben?

Die monatliche Rentenzahlung von 500 € über 20 Jahre im ersten Teil des Beispiels stellt eine Rente dar. In diesem Fall stimmt der Begriff fast mit dem Begriff der Rente, wie er im Alltag verwendet wird, überein. Eine Rente ist aber auch der Zahlungsstrom der Beträge im zweiten Teil des Beispiels, die man über 40 Jahre bis zum 65. Geburtstag anspart, um dann das resultierende Endvermögen verbrauchen zu können. Auch hier werden monatlich Zahlungen in konstanter Höhe vorgenommen.[32]   □

Die Verzinsung erfolgt, wie bisher, nachschüssig. Die Rentenzahlungen hingegen können sowohl am Anfang, d.h. **vorschüssig**, als auch am Ende einer Periode, d.h. **nachschüssig**, gezahlt werden.

Wir werden hauptsächlich endliche Renten und in einem kurzen Abschnitt ewige Renten betrachten.

Aus dem Alltag bekannte Renten, die, wie zu Beginn des Abschnitts beschrieben, bis zum Tod gezahlt werden, behandeln wir hingegen nicht. Hier ist das Auftreten der Zahlungen stochastisch, also von einem zufälligen Ereignis, dem Tod des Rentenempfängers, abhängig. Renten mit zufälliger Laufzeit werden in der Versicherungsmathematik behandelt.

---

[32]   Zur privaten Rentenvorsorge s. auch Übung 4 mit Lösung!

6.3 Endliche Renten

Wir betrachten vorerst Renten über eine endliche Laufzeit von n Perioden. Des weiteren setzen wir zunächst voraus, dass der Zinssatz i für alle n Perioden konstant ist.

Definition: Bei einer nachschüssigen Rente erfolgen die Ratenzahlungen jeweils am Ende einer Rentenperiode, bei einer vorschüssigen Rente jeweils zu Beginn der Rentenperiode.

Schätzaufgabe: Eine über 7 Jahre laufende monatliche Rentenzahlung von 1.000 € wird Frau Fröhlich vorschüssig, Herrn Mürrisch nachschüssig ausbezahlt. Der Zinssatz betrage konstant 5% p.a. (Unterjährig wird mit linear proportionalem Zinssatz gerechnet, es existieren monatliche Zinstermine). Angenommen das Geld wird nicht verbraucht: Wer hat am Ende der 7 Jahre einen höheren Betrag auf dem Konto? Schätzen Sie einmal, wie hoch die Differenz ist!

Frau Fröhlich wird nach 7 Jahren über einen höheren Betrag verfügen, da sich ihre Zahlungen jeweils einen Monat länger verzinsen. Wir werden später sehen, wie hoch die Differenz ist.

6.3.1 Übereinstimmung von Zins- und Rentenperiode

Wir setzen zunächst voraus, dass die Zins- und Rentenperiode genau gleich groß sind. Dieses ist etwa dann der Fall, wenn jährliche Zinstermine vorliegen, wie z.B. auf einem Sparbuch, und man jeweils am Ende oder genau zu Beginn einer Rentenperiode eine konstante Rate einzahlt.

6.3.1.1 Nachschüssige Rente

Bei der nachschüssigen Rente wird jeweils am Ende der Rentenperiode die Rate r angelegt.[33] Den Betrag, der sich nach n Rentenperioden ergibt, nennt man den **Rentenendwert**. Wir bezeichnen ihn mit $R_{nach,n}$, um auszudrücken, dass es sich um den Endwert einer nachschüssigen Rente handelt.

---

[33] Wie oben erläutert spricht man auch bei konstanten ausgezahlten Beträgen von einer Rente. Wir werden hier zur sprachlichen Vereinfachung aber zunächst von der Perspektive des Anlegers ausgehen, der über konstante Anlagebeträge ein Kapital aufbaut.

Abbildung 6-1: *Grafische Darstellung: Nachschüssige Rente*

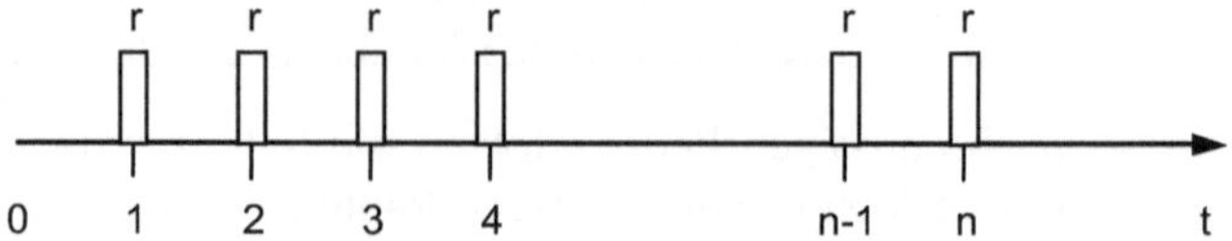

Man kann nun für jede einzelne Rate berechnen, wie viel sie zum Endwert auf dem Konto beiträgt. Die erste Rate, die am Ende der ersten Zinsperiode gezahlt wird, verbleibt (n-1) Jahre auf dem Konto. Zum Zeitpunkt n hat sie also einen Wert von $r \cdot (1+i)^{n-1}$. Die Zahlung r nach 2 Jahren verbleibt noch (n-2) Jahre auf dem Konto, sie ist also am Ende der Betrachtung $r \cdot (1+i)^{n-2}$ wert. Die Zahlung zum Zeitpunkt (n-1) wird nur noch für eine Periode verzinst, so dass sich am Ende der Laufzeit für sie ein Wert von $r \cdot (1+i)$ ergibt. Die letzte Ratenzahlung wird gar nicht mehr verzinst und nur noch zum bis zum Zeitpunkt n entstandenen Kontostand addiert.

Insgesamt erhält man so

$$R_{nach,n} = r \cdot (1+i)^{n-1} + r \cdot (1+i)^{n-2} + ... + r \cdot (1+i) + r = r \cdot q^{n-1} + r \cdot q^{n-2} + ... + r \cdot q + r.$$

Klammert man die konstante Rate r aus und sortiert die Summanden um, so hat man

$$R_{nach,n} = r \cdot (1 + q + ... + q^{n-2} + q^{n-1}) = r \cdot \frac{q^n - 1}{q - 1} = r \cdot \frac{q^n - 1}{i}. \tag{6.1}$$

Die vorletzte Umformung ergibt sich daraus, dass die Faktoren 1, q, q^2, ... eine geometrische Folge bilden. Die zugehörige Partialsumme hatten wir in Kapitel 2 „Mathematische Grundlagen" berechnet.

Über die hergeleitete Formel können wir den Wert einer beliebigen Anzahl von Ratenzahlungen zu einem Endtermin schnell bestimmen, ohne für jede Zahlung einen getrennten Endwert berechnen zu müssen.

Beispiel 6.2: Sie sparen jährlich 1.000 €, die Sie jeweils am Ende des Jahres auf einem Sparbuch anlegen. Auf dem Sparbuch erhalten Sie einen Zinssatz von 4% p.a. Über welchen Betrag können Sie nach 5 Jahren verfügen?

Lösung: Nach 5 Jahren erhalten Sie

$$R_{nach,5} = r \cdot \frac{q^n - 1}{i} = 1.000 \ \text{€} \cdot \frac{1{,}04^n - 1}{0{,}04} = 5.416{,}32 \ \text{€}.$$

Alternativ hätten Sie natürlich auch die Beiträge aller 5 Zahlungen berechnen können. Die ersten 1.000 € verzinsen sich noch 4 Jahre und tragen 1.169,86 € zum Endwert bei, etc. Eine Übersicht liefert die Tabelle.

Tabelle 6-1: *Einzelbeiträge der Ratenzahlungen zum Rentenendwert (5-jährige Rente)*

Zahlung am Ende von Jahr	Jahre der Verzinsung	Rate	Endwert
1	4	1.000,00 €	$1.000\ € \cdot 1{,}04^4 = 1.169{,}86\ €$
2	3	1.000,00 €	$1.000\ € \cdot 1{,}04^3 = 1.124{,}86\ €$
3	2	1.000,00 €	$1.000\ € \cdot 1{,}04^2 = 1.081{,}60\ €$
4	1	1.000,00 €	$1.000\ € \cdot 1{,}04 = 1.040{,}00\ €$
5	0	1.000,00 €	1.000,00 €
		Summe	5.416,32 €

Es ergibt sich derselbe Endwert $R_{nach,n}$, die Berechnung über die hergeleitete Formel ist aber natürlich wesentlich einfacher. □

Statt das Geld in Raten anzulegen, könnte man auch einmalig einen größeren Betrag anlegen, der am Ende der Laufzeit denselben Endwert ergibt wie die betrachtete Rente. Dieses ist der **Rentenbarwert**. Er ergibt sich durch Abzinsen der n Ratenzahlungen auf den Zeitpunkt t = 0. Bei der nachschüssigen Rente bezeichnen wir den Rentenbarwert mit $R_{nach,0}$.

Zur Berechnung kann man die einzelnen Zahlungen auf den Zeitpunkt t = 0 abzinsen. Durch Umformung erhält man dann

$$R_{nach,0} = \frac{r}{q} + \frac{r}{q^2} + \ldots + \frac{r}{q^n} = \frac{r}{q^n} \cdot (q^{n-1} + q^{n-2} + \ldots + q + 1) = \frac{r}{q^n} \cdot \frac{q^n - 1}{q - 1} = \frac{r}{q^n} \cdot \frac{q^n - 1}{i}. \quad (6.2)$$

Alternativ lässt sich auch vom Rentenendwert zum Zeitpunkt t = n ausgehen, den man per Division durch q^n auf den Zeitpunkt t = 0 abzinst. Man erhält

$$R_{nach,0} = \frac{r}{q^n} \cdot \frac{q^n - 1}{i}.$$

Es ergibt sich die gleiche Formel.

Der Rentenbarwert ist also die Summe der Barwerte aller Raten. Alternativ kann man ihn als den Betrag interpretieren, den man anlegen muss, um am Ende der Laufzeit denselben Kontostand zu erzielen wie bei regelmäßigen Einzahlungen der Raten. Er gibt an, welchen Wert die gesamte Rente zum Anlagetermin hat.

Beispiel 6.3 (Fortführung von Beispiel 6.2): Wir betrachten weiterhin die jährlich angesparten 1.000 €, die Sie jeweils am Ende des Jahres auf einem Sparbuch zu einem Zinssatz von 4% p.a. anlegen. Welchen Betrag könnten Sie alternativ am Beginn des ersten Jahres anlegen, um nach 5 Jahren denselben Endwert zu erzielen?

Lösung: Der Endwert der beschriebenen Rente war bereits zu 5.416,32 € bestimmt worden. Alternativ könnten Sie heute den Barwert dieses Betrages anlegen, d.h.

$$R_{nach,0} = \frac{5.416,32 \ \text{€}}{(1,04)^5} = 4.451,82 \ \text{€}.$$

Über Tabelle 6-2 sehen wir, welchen Beitrag die einzelnen Einzahlungen zum Barwert liefern.

Tabelle 6-2:   *Einzelbeiträge der Ratenzahlungen zum Rentenbarwert (5-jährige Rente)*

Zahlung am Ende von Jahr	Rate	Barwert
1	1.000,00 €	961,54 €
2	1.000,00 €	924,56 €
3	1.000,00 €	889,00 €
4	1.000,00 €	854,80 €
5	1.000,00 €	821,93 €
	Summe	4.451,82 €

□

6.3.1.2 Vorschüssige Rente

Bei der vorschüssigen Rente wird die Rate r jeweils am Beginn einer Rentenperiode angelegt bzw. ausbezahlt. Hier bezeichnen wir den **Rentenendwert der vorschüssigen Rente**, der sich am Ende der n-ten Rentenperiode ergibt, als $R_{vor,n}$.

Abbildung 6-2:   *Grafische Darstellung: Vorschüssige Rente*

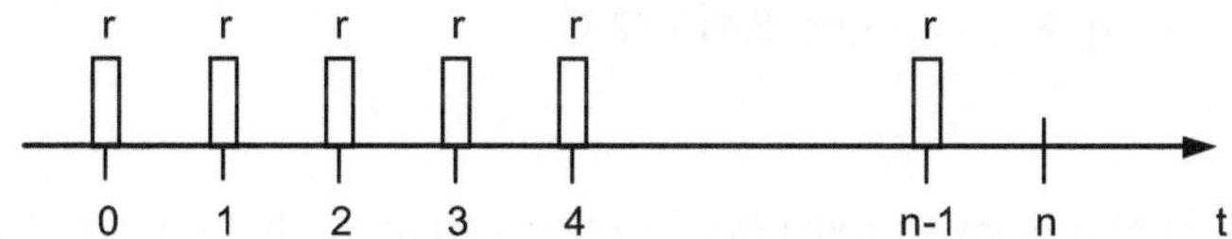

Im Falle der vorschüssigen Rente wird jede Rate eine Periode länger verzinst, da sie bereits zu Beginn der Periode angelegt wurde. Die erste Rate wird so für den vollen Zeitraum, d.h. für n Perioden verzinst und ist am Ende der n-ten Zinsperiode $r \cdot (1+i)^n$ wert. Die zweite Rate wird zum Beginn der zweiten Zinsperiode eingezahlt. Sie verbleibt so noch (n-1) Perioden auf dem Konto. Zum Zeitpunkt n hat sie einen Wert von $r \cdot (1+i)^{n-1}$. Die letzte Ratenzahlung wird im Falle der vorschüssigen Rente noch ein Jahr lang verzinst und ist am Ende des n-ten Jahres $r \cdot (1+i)$ wert.

Aufaddiert erhält man so als Wert der n Ratenzahlungen bei der vorschüssigen Rente

$$R_{vor,n} = r \cdot (1+i)^n + r \cdot (1+i)^{n-1} + ... + r \cdot (1+i) = r \cdot q^n + r \cdot q^{n-1} + ... + r \cdot q.$$

Wir wollen wieder so ausklammern, dass sich in der Klammer eine Partialsumme der geometrischen Reihe ergibt. Dazu müssen die Rate r und ein Aufzinsungsfaktor q ausgeklammert werden:

$$R_{vor,n} = r \cdot q \cdot (1 + q + ... + q^{n-2} + q^{n-1}) = r \cdot q \cdot \frac{q^n - 1}{q - 1} = r \cdot q \cdot \frac{q^n - 1}{i}. \tag{6.3}$$

Wenn wir die hergeleitete Formel des vorschüssigen Rentenendwerts mit der Formel für den Endwert einer nachschüssigen Rente vergleichen, so fällt auf, dass beide Formeln sich nur um den Faktor q unterscheiden, d.h. $R_{vor,n} = q \cdot R_{nach,n}$.

Dieses kann man leicht nachvollziehen, da bei der vorschüssigen Rente jeder Betrag eine Periode länger verzinst wird. Dieses entspricht einer Verzinsung des gesamten Rentenendwerts für eine Periode.

Beispiel 6.4 (Fortführung von Beispiel 6.2): Sie sparen wiederum jährlich 1.000 €, die Sie jeweils am Beginn eines Jahres auf einem Sparbuch zu 4% p.a. anlegen. Über welchen Betrag können Sie nun nach 5 Jahren verfügen?

Lösung: Nach 5 Jahren erhalten Sie

$$R_{vor,5} = r \cdot q \cdot \frac{q^n - 1}{i} = 1.000 \text{ } € \cdot 1{,}04 \cdot \frac{1{,}04^n - 1}{0{,}04} = 5.632{,}98 \text{ } €.$$

Ein Vergleich mit dem Endwert bei Einzahlung zum Ende jeden Jahres ergibt

$$5.632{,}98 \text{ } € = R_{vor,5} = q \cdot R_{nach,5} = 1{,}04 \cdot 5.416{,}32 \text{ } €. \qquad \square$$

Sucht man den **Rentenbarwert der vorschüssigen Rente**, d.h. den zur Rente äquivalenten Geldbetrag, den man zu Beginn der Laufzeit hätte einzahlen können, um nach n Perioden denselben Endwert zu erhalten, so ergibt sich durch Abzinsen des Endwertes $R_{vor,\,n}$ mit q^n

$$R_{vor,0} = \frac{R_{vor,n}}{q^n} = \frac{r \cdot q \cdot \dfrac{q^n - 1}{i}}{q^n} = \frac{r \cdot q}{q^n} \cdot \frac{q^n - 1}{i} = \frac{r}{q^{n-1}} \frac{q^n - 1}{i}. \qquad (6.4)$$

Wiederum kann man diesen Barwert mit dem Barwert der nachschüssigen Rente vergleichen. Es gilt

$$R_{vor,0} = \frac{r \cdot q}{q^n} \cdot \frac{q^n - 1}{i} = q \cdot \frac{r}{q^n} \cdot \frac{q^n - 1}{i} = q \cdot R_{nach,0}.$$

Da bei der vorschüssigen Rente die Raten jeweils eine Periode länger verzinst werden, muss man zu Beginn auch einen um eine Periode aufgezinsten Betrag anlegen, um nach n-jähriger Verzinsung denselben Endwert wie bei der nachschüssigen Rente zu erhalten.

Beispiel 6.5 (Fortführung von Beispiel 6.4): Welchen Betrag kann man einmalig zu Beginn der Laufzeit der in Beispiel 6.4 beschriebenen vorschüssigen Rente (5 Jahresraten zu 1.000 €, i=0,04) anlegen, um denselben Rentenendwert zu erhalten wie bei periodischer Zahlung der Raten?

Lösung: Der Barwert der vorschüssigen Rente beträgt

$$R_{vor,0} = \frac{r}{q^{n-1}} \cdot \frac{q^n - 1}{i} = \frac{1.000 \text{ } €}{1{,}04^{n-1}} \cdot \frac{1{,}04^n - 1}{0{,}04} = 4.629{,}90 \text{ } €. \qquad \square$$

Lösung der Schätzaufgabe: Schauen wir uns nun noch einmal die zu Beginn betrachtete Schätzaufgabe an.

Es liegen monatliche Rentenzahlungen über 7 Jahre vor. Demnach werden $7 \cdot 12 = 84$ Rentenperioden betrachtet, die wegen der monatlichen Zinstermine mit den Zinsperioden übereinstimmen.

Der linear proportionale Zinssatz beträgt $i/12 = 0{,}05/12 = 0{,}004166$.

Für Herrn Mürrisch ergibt sich der Wert der nachschüssigen Rente zu

$$R_{nach,0} = \frac{r}{q^n} \cdot \frac{q^n - 1}{i} = \frac{1.000\ \text{€}}{\left(1 + \dfrac{0{,}05}{12}\right)^{7 \cdot 12}} \cdot \frac{\left(1 + \dfrac{0{,}05}{12}\right)^{7 \cdot 12} - 1}{\dfrac{0{,}05}{12}} = 100.328{,}65\ \text{€}.$$

Frau Fröhlich hat nach 7 Jahren einen Rentenendwert von

$$R_{vor,0} = \frac{r}{q^{n-1}} \cdot \frac{q^n - 1}{i} = \frac{1.000\ \text{€}}{\left(1 + \dfrac{0{,}05}{12}\right)^{7 \cdot 12 - 1}} \cdot \frac{\left(1 + \dfrac{0{,}05}{12}\right)^{7 \cdot 12} - 1}{\dfrac{0{,}05}{12}} = 100.746{,}69\ \text{€}$$

auf dem Konto. Die Differenz der Rentenendwerte von 418,04 € ist zwar nicht sehr hoch, es liegt hier aber auch nur eine siebenjährige Rente vor. Die Differenz entsteht allein durch die Verschiebung der Zahlung um nur einen Monat. Wenn man zusätzlich die große Anzahl an Rentnern beachtet, macht es für diejenigen, die die Rente zahlen, z.B. den Staat oder einzelne Unternehmen, einen bedeutenden Unterschied, ob eine vor- oder nachschüssige Zahlungsweise besteht.

6.3.2 Nichtübereinstimmung von Zins- und Rentenperiode

In vielen Fällen stimmen Renten- und Zinsperiode nicht vollständig überein. Wir wollen hier die Spezialfälle betrachten, dass die Zinsperiode ein Vielfaches der Rentenperiode ist, sowie umgekehrt, die Rentenperiode ein Vielfaches der Zinsperiode. Der besseren Lesbarkeit wegen betrachten wir die größere Periode als ein Jahr. Die Verallgemeinerung auf andere Periodenlängen ist bei Bedarf dann nicht schwierig.

Ebenso beschränken wir uns in diesem Abschnitt auf nachschüssige Renten.

6.3.2.1 Unterjährige Rentenzahlungen bei jährlicher Zinszahlung

Ein in der Praxis häufiger Fall, in dem die Zinsperiode ein Vielfaches der Rentenperiode ist, findet man z.B. bei monatlichen Einzahlungen eines Geldbetrages, z.B. eines Gehaltes oder eines Sparbetrages auf ein Konto, das aber nur jährliche Zinszahlungstermine hat.

Beispiel 6.6: Sie entschließen sich 50 € im Monat anzusparen und zahlen diesen Betrag am Ende jeden Monats auf ein Sparbuch mit einem Zinssatz von 5% p.a. ein. Zinstermin ist jeweils der 31.12. eines Jahres. Welchen Betrag haben Sie nach einem Zeitraum von 5 Jahren angespart?

Lösung: Wie wir bereits diskutiert haben, werden in Deutschland Beträge, die innerhalb einer Zinsperiode eingezahlt werden, linear verzinst.

Tabelle 6-3:   *Verzinsung monatlicher Raten bei jährlichen Zinszahlungsterminen*

Datum der Einzahlung	Rate	Wert am Ende des Jahres
31. Jan	50 €	$50\ € \cdot (1 + 11/12 \cdot 0{,}05) = 52{,}29\ €$
28. Feb	50 €	$50\ € \cdot (1 + 10/12 \cdot 0{,}05) = 52{,}08\ €$
31. Mrz	50 €	$50\ € \cdot (1 + 9/12 \cdot 0{,}05) = 51{,}88\ €$
30. Apr	50 €	$50\ € \cdot (1 + 8/12 \cdot 0{,}05) = 51{,}67\ €$
31. Mai	50 €	$50\ € \cdot (1 + 7/12 \cdot 0{,}05) = 51{,}46\ €$
30. Jun	50 €	$50\ € \cdot (1 + 6/12 \cdot 0{,}05) = 51{,}25\ €$
31. Jul	50 €	$50\ € \cdot (1 + 5/12 \cdot 0{,}05) = 51{,}04\ €$
31. Aug	50 €	$50\ € \cdot (1 + 4/12 \cdot 0{,}05) = 50{,}83\ €$
30. Sep	50 €	$50\ € \cdot (1 + 3/12 \cdot 0{,}05) = 5063\ €$
31. Okt	50 €	$50\ € \cdot (1 + 2/12 \cdot 0{,}05) = 50{,}42\ €$
30. Nov	50 €	$50\ € \cdot (1 + 1/12 \cdot 0{,}05) = 50{,}21\ €$
31. Dez	50 €	$50\ € \cdot (1 + 0/12 \cdot 0{,}05) = 50{,}00\ €$
	Summe	613,75 €

Die 50 €, die Ende Januar eingezahlt werden, werden so noch für 11 Monate linear verzinst und sind am Ende des Jahres 52,29 € wert, etc. Die 50 €, die Ende November eingezahlt werden, verzinsen sich noch 30 Tage und sind am Ende des Jahres 50,21 € wert.

Tabelle 6-3 zeigt, wie sich die Beiträge innerhalb eines Jahres verzinsen und zu einem Wert am Ende des Jahres addieren.

Sie haben also am Ende des Jahres

$$50 \ € \cdot \left(1+\frac{11}{12}\cdot 0{,}05\right)+\ldots+50 \ € \cdot \left(1+\frac{1}{12}\cdot 0{,}05\right)+50 \ € \cdot \left(1+\frac{0}{12}\cdot 0{,}05\right)$$

$$= 50 \ € \cdot (1+\ldots+1)+50 \ € \cdot \frac{1}{12}\cdot(0+1+\ldots+11)\cdot 0{,}05$$

$$= 50 \ € \cdot 12+50 \ € \cdot \frac{1}{12}\cdot\frac{11\cdot 12}{2}\cdot 0{,}05 = 613{,}75 \ €$$

angespart. Die letzte Umformung ergibt sich aus der Formel für die Summe der ersten n natürlichen Zahlen.

Dieses Guthaben von 613,75 € verzinst sich in den folgenden Jahren geometrisch weiter.

Im nächsten Jahr sparen Sie wiederum 12-mal 50 €, die sich unterjährig aber nur linear verzinsen. Am Ende des Jahres sind aber wiederum 613,75 € zusammengekommen.

Sie können sich den Prozess auch so vorstellen, dass Sie während des Jahres jeweils auf einem separaten Sparbuch Einzahlungen tätigen. Die angesparten 613,75 € überweisen Sie am Ende jeden Jahres auf ein weiteres Konto, das mit demselben Zinssatz von 5% p.a. verzinst wird. Dadurch zahlen Sie 5 Jahre lang 613,75 € ein. Es liegt dann eine jährlich nachschüssige Rente vor, bei der die Rentenperiode und die Zinsperiode gleich groß (1 Jahr) sind.

Der Wert Ihrer Einzahlungen (50 € monatlich über 5 Jahre) beträgt damit

$$R_{nach,5} = r\cdot\frac{q^n-1}{i} = 613{,}75 \ € \cdot\frac{1{,}05^5-1}{0{,}05} = 3.391{,}36 \ €.$$

Das am Ende eines Jahres mit linearer Verzinsung aufgelaufene Guthaben, hier die 613,75 €, nennt man die **konforme Ersatzrate**. Wir bezeichnen sie mit r_e . □

Es fällt nun nicht schwer, die im Beispiel vorgestellte Methode auf den allgemeinen Fall von m Rentenzahlungen pro Jahr zu übertragen. Die Ratenzahlungen r erfolgen über n Jahre m-mal pro Jahr, der Zinssatz beträgt i .

In einem ersten Schritt errechnen wir die konforme Ersatzrate r_e , die pro Jahr aufläuft. Die erste Rate wird (m-1) unterjährige Perioden lang linear verzinst, die zweite (m-2)

Perioden, usw. Die vorletzte Rate wird schließlich noch eine Periode lang linear verzinst, die letzte wird genau am Zinstermin gezahlt und dadurch nicht mehr verzinst. Insgesamt ergibt sich die konforme Ersatzrate r_e zu

$$r_e = r \cdot \left(1 + \frac{(m-1)}{m} \cdot i\right) + \dots + r \cdot \left(1 + \frac{1}{m} \cdot i\right) + r \cdot \left(1 + \frac{0}{m} \cdot i\right) = r \cdot m + r \cdot \frac{1}{m} \frac{(m-1) \cdot m}{2} \cdot i$$

$$= r \cdot \left(m + i \cdot \frac{(m-1)}{2}\right).$$

(6.5)

Diese Ersatzrate wird nun n Jahre lang angespart, so dass man sie in der Formel für den Endwert einer nachschüssigen Rente über n Jahre anstelle der Rate einsetzen kann und als Rentenendwert

$$R_{nach,n} = r_e \cdot \frac{q^n - 1}{q - 1}$$

(6.6)

erhält.

6.3.2.2 Unterjährige Zinstermine bei jährlichen Rentenzahlungen

Es kann auch der umgekehrte Fall vorliegen, dass mehr Zinstermine existieren als Rentenzahlungen stattfinden.

Beispiel 6.7: Sie besitzen ein Tagesgeldkonto mit halbjährlichen Zinsterminen (i=0,025). Leider schaffen Sie es aber innerhalb des Jahres nicht Geld anzusparen. Sie zahlen so nur am Ende jedes Jahres Ihr Weihnachtsgeld in Höhe von 500 € auf Ihr Konto ein. Welchen Betrag haben Sie nach 5 Jahren angespart?

Lösung:

Abbildung 6-3:   *Grafische Darstellung: Jährliche Rente bei unterjährigen Zinszahlungsterminen*

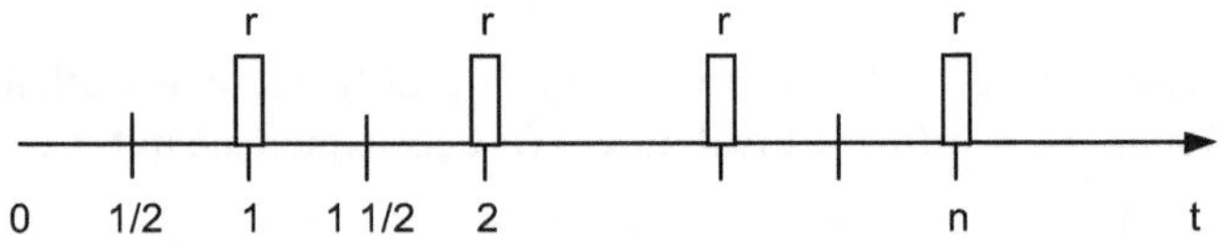

Man kann den Kapitalverlauf wieder sukzessive herleiten. Nach einem Jahr besteht der Kapitalwert aus der Rate r von 500 €. Nach 2 Jahren wurde die erste Rate 2 Halbjahre lang verzinst und ist so $500\ € \cdot (1 + 0{,}025/2)^2 = 512{,}58\ €$ wert. Hinzu kommt die zweite Rate. So wird mit der Entwicklung des Kapitalwertes fort gefahren. Die letzte Rate wird nicht weiter verzinst.

Gegenüber jährlichen Zinsterminen wird bei halbjährlicher Zinszahlung zweimal im Jahr verzinst, wobei aber jeweils der linear proportionale Zinssatz, d.h. in unserem Beispiel der halbe Zinssatz, verwendet wird. Der Faktor q = (1+0,025) bei Übereinstimmung von Zins- und Rentenperiode ist durch den Ersatzaufzinsungsfaktor $(1+0,025/2)^2$ zu ersetzen. Nach 5 Jahren haben Sie so

$$500 \ \text{€} \cdot \left(1+\frac{0,025}{2}\right)^8 + \ldots + 500 \ \text{€} \cdot \left(1+\frac{0,025}{2}\right)^2 + 500 \ \text{€}$$

$$= 500 \ \text{€} \cdot \sum_{j=0}^{4}\left(\left(1+\frac{0,025}{2}\right)^2\right)^j$$

$$= 500 \ \text{€} \cdot \frac{1-\left(1+\dfrac{0,025}{2}\right)^{2 \cdot 5}}{1-\left(1+\dfrac{0,025}{2}\right)^2}$$

$$= 2.628,99 \ \text{€}$$

auf dem Konto. $\square$

Bei der Verallgemeinerung auf m Zinsperioden pro Jahr stellen wir fest, dass sich die Raten innerhalb eines Jahres m Perioden lang geometrisch mit dem linear proportionalen Zinssatz i/m verzinsen. Von Ratenzahlung zu Ratenzahlung verzinsen sich die Raten so mit dem **Ersatzaufzinsungsfaktor**

$$q_e = \left(1+\frac{i}{m}\right)^m. \tag{6.7}$$

Setzt man diesen in die Formel für den Endwert einer nachschüssigen Rente ein, erhält man den Endwert einer nachschüssigen Rente mit unterjährigen Zinsterminen als

$$R_{nach,m \cdot n} = r \cdot \frac{q_e^n - 1}{q_e - 1} = r \cdot \frac{\left(1+\dfrac{i}{m}\right)^{m \cdot n} - 1}{\left(1+\dfrac{i}{m}\right)^m - 1}. \tag{6.8}$$

6.4 Kapitalaufbau und -verzehr

Beispiel 6.8: Sie legen am 1.1.2007 einen Betrag von 10.000 € auf einem mit 2,5% p.a. verzinsten Tagesgeldkonto an. Zinszahlungstermine sind jährlich am 31.12. des Jahres. In den folgenden 5 Jahren sparen Sie pro Jahr 1.000 €, die Sie am Ende jedes Jahres, beginnend mit dem 31.12.2007, anlegen. Welchen Betrag haben Sie am 31.12.2011 angespart?

Lösung: Ihre Sparbeträge teilen sich in einen konstanten Einmalbetrag, der sich 5 Jahre lang auf dem Konto verzinst, und eine 5-jährige nachschüssige Rente mit konstanten jährlichen Raten auf.

Nach 5 Jahren haben Sie also

$$K_0 \cdot q^5 + r \cdot \frac{q^5 - 1}{i} = \underbrace{10.000 \ \text{€} \cdot 1,025^5}_{=11.314,08\,\text{€}} + \underbrace{1.000 \ \text{€} \cdot \frac{1,025^5 - 1}{0,025}}_{=5.256,33\,\text{€}} = 16.570,41 \ \text{€}$$

auf dem Konto. Ihre 10.000 € haben sich zu 11.314,08 € verzinst, der Wert der 5-jährigen Rente beträgt 5.256,33 €. Insgesamt ist Ihr Kontostand also auf 16.570,41 € angewachsen.

$\square$

Beispiel 6.9 (Fortführung von Beispiel 6.8): Ihre Schwester legt am 1.1.2007 ebenfalls einen Betrag von 10.000 € auf einem mit 2,5% p.a. verzinsten Tagesgeldkonto an (Zinszahlungstermine jährlich am 31.12. des Jahres). In den folgenden 5 Jahren benötigt sie aber pro Jahr 1.000 €, die sie jeweils am Ende jedes Jahres abhebt. Welchen Betrag hat sie am 31.12.2011 noch auf dem Konto?

Lösung: Das Beispiel ähnelt dem vorhergehenden. Ein Einmalbetrag verzinst sich 5 Jahre lang auf dem Konto und würde nach 5 Jahren auf einen Kontostand von 11.314,08 € angewachsen sein. Jährlich werden nun aber Beträge abgehoben, so dass sich eine Rente mit negativem Vorzeichen und konstanten jährlichen Raten ergibt.

Nach 5 Jahren hat Ihre Schwester noch

$$K_0 \cdot q^5 - r \cdot \frac{q^5 - 1}{i} = \underbrace{10.000 \ \text{€} \cdot 1,025^5}_{=11.314,08\,\text{€}} - \underbrace{1.000 \ \text{€} \cdot \frac{1,025^5 - 1}{0,025}}_{=5.256,33\,\text{€}} = 6.057,75 \ \text{€}$$

auf dem Konto. Dieses entspricht der Differenz zwischen dem verzinsten Anfangsbetrag und der abgehobenen Rente.

$\square$

Die Beispiele illustrieren wichtige Anwendungen aus dem Bereich der Rentenrechnung. Es kommt oft vor, dass ein bestimmter Betrag einmalig auf einem Konto angelegt wird, etwa bei der Eröffnung des Kontos, und in der darauf folgenden Zeit dann entweder weitere Raten eingezahlt (**Kapitalaufbau**) oder regelmäßig bestimmte Summen abgehoben (**Kapitalverzehr**) werden.

Gedanklich kann man diesen Vorgang in zwei Einzelvorgänge zerlegen: die Verzinsung des einmalig angelegten Betrages und die Rente. Bei dem Rentenanteil kann man selbstverständlich wieder nach vor- und nachschüssiger Rente unterscheiden. Wir werden alle Herleitungen für die nachschüssige Rente vornehmen. Die Herleitung für die vorschüssige Rente kann der Leser als Übungsaufgabe analog nachvollziehen.

Beim Kapitalaufbau entsteht der Endwert nach n nachschüssigen Ratenzahlungen zu

$$K_n = K_0 \cdot q^n + r \cdot \frac{q^n - 1}{i}. \tag{6.9}$$

Wird periodisch nachschüssig eine Rate abgehoben, handelt es sich um einen Kapitalverzehr.[34] Der Endwert nach n Perioden beträgt

$$K_n = K_0 \cdot q^n - r \cdot \frac{q^n - 1}{i}. \tag{6.10}$$

Der Kapitalverzehr wirft die interessanteren Fragestellungen auf.

Beispiel 6.10: Sie legen 20.000 € auf einem mit 3% p.a. verzinsten Konto an. In den folgenden 5 Jahren wollen Sie jährlich nachschüssig konstante Beträge abheben. Welche Höhe dürfen diese Beträge haben?

Lösung: Am Ende des 5. Jahres dürfen Sie Ihr Ausgangskapital vollständig aufgebraucht haben, d.h. Ihr Kontostand beträgt am Ende des fünften Jahres 0. Demnach können Sie nach der Rate auflösen und es ergibt sich

$$20.000 \; € \cdot 1{,}03^5 - r \cdot \frac{1{,}03^5 - 1}{0{,}03} \overset{!}{=} 0 \quad \Rightarrow \quad r = 20.000 \; € \cdot 1{,}03^5 \cdot \frac{0{,}03}{1{,}03^5 - 1} = 4.367{,}09 \; €.$$

Sie können also 5 Jahre lang 4.367,09 € pro Jahr abheben. ☐

Allgemein ergibt sich für die Rate, die eine gegebene Anzahl von Perioden maximal entnommen werden kann, durch Nullsetzen der Formel vom Kapitalverzehr

$$K_n = K_0 \cdot q^n - r \cdot \frac{q^n - 1}{i} \overset{!}{=} 0 \quad \Rightarrow \quad r = K_0 \cdot q^n \cdot \frac{i}{q^n - 1}. \tag{6.11}$$

---

[34] Beide Formeln könnten auch zusammengefasst werden. Wir verzichten hier darauf, da das Subtrahieren der abgehobenen Rente für die meisten Leser verständlicher ist.

Beispiel 6.11: Wiederum legen Sie 20.000 € auf einem mit 3% p.a. verzinsten Konto an. Sie wollen nun aber jährlich nachschüssig nur jeweils 2.000 € abheben und fragen sich, wie lange Ihr Kapital reicht.

Lösung: Sie heben auch hier so lange Geld ab, bis Ihr Kontostand auf 0 gesunken ist. In diesem Fall ist aber die Rate bekannt. Es ist hingegen nach der Laufzeit n aufzulösen.

$$20.000\ \text{€} \cdot 1{,}03^n - 2.000\ \text{€} \cdot \frac{1{,}03^n - 1}{0{,}03} \stackrel{!}{=} 0 \quad \Leftrightarrow \quad 20.000\ \text{€} \cdot 1{,}03^n \cdot 0{,}03 - 2.000\ \text{€} \cdot (1{,}03^n - 1) = 0$$

$$\Leftrightarrow 1{,}03^n (20.000\ \text{€} \cdot 0{,}03 - 2.000\ \text{€}) = -2.000\ \text{€}$$

$$\Leftrightarrow 1{,}03^n = \frac{-2.000\ \text{€}}{20.000\ \text{€} \cdot 0{,}03 - 2.000\ \text{€}}$$

$$\Leftrightarrow \underbrace{\ln(1{,}03^n)}_{n \cdot \ln(1{,}03)} = \ln\left(\frac{-2.000\ \text{€}}{20.000\ \text{€} \cdot 0{,}03 - 2.000\ \text{€}}\right)$$

$$\Leftrightarrow n = \frac{\ln\left(\dfrac{2.000\ \text{€}}{2.000\ \text{€} - 20.000\ \text{€} \cdot 0{,}03}\right)}{\ln(1{,}03)} = 12{,}07.$$

Sie können 12 Jahre lang den Betrag von 2.000 € abheben. Es verbleibt dann noch ein (kleiner) Restbetrag auf dem Konto. Diesen könnten Sie in einem zweiten Schritt noch genauer bestimmen. □

Allgemein lässt sich bei bekannter Rate nach der Laufzeit wie folgt umformen:

$$K_n = K_0 \cdot q^n - r \cdot \frac{q^n - 1}{i} \stackrel{!}{=} 0 \quad \Leftrightarrow \quad K_0 \cdot q^n \cdot i - r \cdot (q^n - 1) = 0$$

$$\Leftrightarrow \quad q^n = \frac{-r}{K_0 \cdot i - r} = \frac{r}{r - K_0 \cdot i}$$

$$\Leftrightarrow \quad \underbrace{\ln(q^n)}_{n \cdot \ln(q)} = \ln\left(\frac{r}{r - K_0 \cdot i}\right) \tag{6.12}$$

$$\Leftrightarrow \quad n = \frac{\ln\left(\dfrac{r}{r - K_0 \cdot i}\right)}{\ln(q)}.$$

Bemerkung: Es ist wichtig, sich klar zu machen, dass das regelmäßige Abheben von konstanten Raten, nicht in jedem Fall zum Kapitalverzehr führt. Wird pro Periode ein geringerer Betrag als die anfallenden Zinsen abgehoben, so wächst das Kapital um den

Differenzbetrag an. Werden jeweils genau die Zinsen auf das bestehende Kapital abgehoben, so bleibt das Kapital konstant und es ergibt sich eine „ewige Rente" (s. Abschnitt „Ewige Renten"). Erst wenn pro Periode ein Betrag abgehoben wird, der höher als die erhaltenen Zinsen auf das aktuelle Kapital ist, findet ein Kapitalverzehr statt.

6.5 Variierende Raten oder Zinssätze

Bei der Herleitung der Formeln für den End- und Barwert der betrachteten Renten war es bisher Voraussetzung, dass die Raten und die Zinssätze konstant sind. Natürlich kann es auch vorkommen, dass sich ein Zinssatz nach einer gewissen Zeit ändert oder dass die Rate variiert. In diesem Fall sind die gesamten Zahlungen in unterschiedliche Renten aufzuteilen.

Beispiel 6.12: Sabine beginnt während ihrer Studienzeit jährlich nachschüssig 1.000 € auf einem Sparbuch zu 3% p.a. anzusparen. Nach Beendigung ihres Studiums nach 3 Jahren erhält sie von ihren Großeltern 3.000 €, die sie ebenfalls anlegt. Gleichzeitig fällt der Zinssatz auf dem Sparbuch auf 2% p.a. Während der nächsten 5 Jahre hat sie eine Festanstellung und kann sich größere Sparbeträge leisten. Sie zahlt nun jährlich nachschüssig 5.000 € ein. Welchen Betrag hat sie nach insgesamt 8 Jahren angespart?

Lösung: Die Situation lässt sich in zwei unterschiedliche Renten und eine Einmalzahlung aufteilen. Eine dreijährige Rente mit r = 1.000 € und i = 0,03 verzinst sich nach ihrer Laufzeit noch weitere 5 Jahre zu dem dann herrschenden Zinssatz von 2% p.a. Hinzu kommt eine fünfjährige Rente mit einer Rate von 5.000 € bei 2% p.a. Die Einmalzahlung nach 3 Jahren in Höhe von 3.000 € verzinst sich 5 Jahre lang mit ebenfalls 2% p.a. Insgesamt erhält man als Endwert

$$1.000 \ € \cdot \frac{1,03^3 - 1}{0,03} \cdot 1,02^5 + 3.000 \ € \cdot 1,02^5 + \cdot 5.000 \ € \cdot \frac{1,02^5 - 1}{0,02} = 32.745,05 \ €. \qquad \square$$

6.6 Ewige Renten

Definition: Besteht die Rente aus unendlich vielen Raten, so spricht man von einer ewigen Rente.

Beispiel 6.13: Sie wollen auf ewige Zeit, d.h. unendlich oft, von einem Konto jährlich nachschüssig 1.000 € abheben. Der Zinssatz ist für unendliche Zeit auf 5% p.a. festgesetzt worden.

Der Endwert der abgehobenen Rente existiert nicht. Sie haben nach unendlich langer Zeit einen unendlichen Betrag abgehoben. Sie können sich aber fragen , welchen Betrag Sie heute anlegen müssen, damit Sie ewig 1.000 € abheben können. Dieses entspricht dem Barwert der Rente. □

Der Barwert einer ewigen nachschüssigen Rente ergibt sich als Grenzwert des Barwertes der nachschüssigen Rente, wenn die Laufzeit n gegen unendlich geht, d.h.

$$R_{nach,0}^{ewig} = \lim_{n\to\infty} R_{nach,0} = \lim_{n\to\infty} \frac{r}{q^n} \cdot \frac{q^n - 1}{i} = \lim_{n\to\infty} \frac{r}{i} \cdot \frac{q^n - 1}{q^n} = \lim_{n\to\infty} \frac{r}{i} \cdot \underbrace{\left(1 - \frac{1}{q^n}\right)}_{\to 1} = \frac{r}{i}. \qquad (6.13)$$

Da q^n für $q > 1$ gegen unendlich strebt, konvergiert die gesamte Klammer $1 - 1/q^n$ also gegen 1 und der Barwert der ewigen Rente beträgt r/i.

Umgestellt erhält man für die Rate der ewigen nachschüssigen Rente $r = R_{nach,0}^{ewig} \cdot i$.

Die Rate entspricht also dem Zins auf den Barwert der ewigen Rente.

Fortführung von Beispiel 6.13: Wenn Sie unendlich oft 1.000 € von einem Konto, das für ewige Zeit mit 5% p.a. verzinst wird, abheben, brauchen Sie zu Beginn

$$R_{nach,0}^{ewig} = \frac{r}{i} = \frac{1.000 \text{ €}}{0,05} = 20.000 \text{ €}.$$

Die jährlich abgehobenen 1.000 € entsprechen genau den Zinsen, die Sie bei einem Zinssatz von 5% p.a. jedes Jahr aus 20.000 € erhalten. Wenn Sie jedes Jahr nur genau die erhaltenen Zinsen abheben wollen, können Sie dieses unendlich oft tun. Ihr Kontostand bleibt stets konstant. □

Der Barwert einer ewigen vorschüssigen Rente errechnet sich entsprechend als Grenzwert des Barwertes der vorschüssigen Rente zu

$$R_{vor,0}^{ewig} = \lim_{n\to\infty} \frac{r}{q^{n-1}} \frac{q^n - 1}{q - 1} = \lim_{n\to\infty} \frac{r}{i} \left(q - \frac{1}{q^{n-1}}\right) = \frac{r}{i} \cdot q. \qquad (6.14)$$

Die Rate einer ewigen vorschüssigen Rente entspricht so $r = \dfrac{R_{vor,0}^{ewig} \cdot i}{q}$.

Eine Anwendung von ewigen Renten findet man bei Stiftungen, die ein gewisses Stiftungskapital einzahlen und die Zinsen jährlich für einen bestimmten Zweck ausschütten. An die Grenzen der praktischen Anwendung einer ewigen Rente stößt man dagegen beim zugrunde liegenden Zinssatz. Damit aus einem gegebenen Kapital tatsächlich unendlich oft eine konstante Rate in Form des Zinses auf das Kapital ausbezahlt werden kann, muss der Zinssatz für unendliche Zeit festgeschrieben sein. In der Praxis wird man Zinssätze aber maximal für 30 Jahre festschreiben können, danach wird der Zinssatz an das dann herrschende Zinsniveau angepasst. In diesem Falle müsste sich dann die Rate der ewigen Rente ändern.

6.7 Partnerinterview

1. A: Zeichnen Sie eine jährlich nachschüssige Rente mit einer Laufzeit von 5 Jahren und vergleichen Sie diese mit einer vorschüssigen Rente!

   B: Wie errechnet sich der Endwert einer nachschüssigen Rente?

2. A: Wie ermittelt man den Barwert einer vorschüssigen Rente?

   B: Interpretieren Sie den Barwert einer Rente!

3. A: Wie hängen End- oder Barwert einer vor- und nachschüssigen Rente zusammen?

   B: Welche Fälle von nicht übereinstimmenden Zins- und Rentenperioden kann es geben?

4. A: Was ist eine konforme Ersatzrente? Wie bestimmt sie sich?

   B: Zeigen Sie auf, wie man vorgeht, wenn es unterjährige Zinsperioden und jährliche Rentenzahlungen gibt?

5. A: Wie lässt sich die Rate bestimmen, die man n Jahre lang von einem einmal eingezahlten Betrag abheben kann?

   B: Wie lässt sich die Laufzeit bestimmen, über die man eine konstante Rate von einem einmal eingezahlten Betrag abheben kann?

6. A: Wie kann man die Rate einer ewigen Rente interpretieren?

   B: Bestimmen und interpretieren Sie den Barwert einer ewigen Rente!

6.8 Übungen

1. Eine Rente von 4.000 € wird 10 Jahre lang jährlich

   a) am Ende des Jahres

b) zu Beginn des Jahres

eingezahlt. Berechnen Sie jeweils bei einem Zinssatz von 4,25% p.a. den Rentenendwert und erklären Sie den sich ergebenden Unterschied.

2. Ihre Eltern zahlen zu Ihrer Unterstützung 20.000 € auf ein Konto zu 4% p.a. ein, von dem Sie sich 4 Jahre lang, jeweils am Ende des Jahres, eine Rente abheben können. Welche Rente können Sie jährlich abheben?

3. Erstellen Sie für Beispiel 6.4 in Excel eine zu Tabelle 6-1 analoge Tabelle, in der Sie die Beiträge jeder Ratenzahlung zum Endwert der vorschüssigen Rente aufführen.

4. Sie möchten eine private Altersvorsorge treffen und entscheiden sich jedes Jahr am Ende des Jahres 1.000 € auf einem Sparbuch anzulegen. Es ist Ihnen gelungen, für die gesamte Laufzeit einen Zinssatz von konstant 4% p.a. zu vereinbaren. Nach 35 Jahren möchten Sie „in Rente gehen" und von Ihren Ersparnissen leben.

    a)   Über welchen Betrag verfügen Sie am Ende des 35. Jahres?

    b)   Nachdem Sie 35 Jahre lang gespart haben, möchten Sie nun jährlich 6.000 € abheben. Wie lange reicht Ihr angesparter Betrag aus?

5. Sie richten einen Dauerauftrag zur Anlage von vierteljährlich 100 € (zahlbar am Ende des Quartals) auf ein mit 3% p.a. verzinsliches Tagesgeldkonto ein, das jährliche Zinszahlungstermine hat. Auf welchen Endwert kommen Sie nach 6 Jahren?

6. Antje hat auf Ihrem Konto monatliche Zinsgutschriften bei einem Zinssatz von 3% p.a. Sie zahlt aber nur jeweils am Ende des Jahres über 8 Jahre hinweg 1.500 € ein. Über welchen Betrag verfügt sie nach dieser Zeit?

7. Sie legen 150.000 € zu 8% p.a. an und heben jährlich 4.500 € ab. Ihr Studienkollege will für Sie mit Hilfe der Formel für den Kapitalverzehr die Laufzeit n ausrechnen, um zu sehen, wie lange das Geld ausreicht. Der Taschenrechner liefert aber jeweils ein "Error" . Wie können Sie ihm das erklären?

8. Leiten Sie die Formeln für den Kapitalaufbau und den Kapitalverzehr für vorschüssige Renten her!

9. Sie eröffnen am 1.1.2007 ein Tagesgeldkonto mit einem Betrag von 3.000 € (i=0,0275). In den folgenden 4 Jahren (beginnend mit 2007) wollen Sie jeweils am Ende des Jahres 1.000 € auf Ihr Konto einzahlen. Über welchen Betrag verfügen Sie am 31.12.2010?

10. Sie erben 40.000 € und zahlen diese auf ein mit 4,5% p.a. verzinstes Konto ein. Sie wollen den Betrag über 20 Jahre verbrauchen. Welchen Betrag können Sie jeweils am Ende des Jahres abheben?

11. Frau Fröhlich erbt 50.000 € und legt den Betrag am 1.1.2004 zu 4,75% p.a. auf einem Konto an. Sie entnimmt jeweils am Ende des Jahres 5.000 € als Sondertilgung für ein bereits bestehendes Darlehen. Wie lange reicht ihr Guthaben?

12. Manuel zahlt seit dem 31.12.2001 jährlich nachschüssig 2.000 € auf ein mit 3,5% p.a. verzinstes Konto ein. Am 31.12.2004 leistet er eine Einmalzahlung von 6.000 €. Da er sich ein Auto anschafft, sinken seine Einzahlungen ab dem 31.12.2006 auf 500 € pro Jahr. Über welchen Betrag verfügt er am 31.12.2008?

13. Eine Stiftung möchte auf ewige Zeit zum Ende jeden Jahres einen Betrag von 50.000 € ausschütten. Der Zinssatz betrage unendlich lang konstant 4% p.a. Welches Stiftungskapital muss zu Beginn des ersten Jahres angelegt werden?

7 Tilgungsrechnung

7.1 Lernziele

Nach Durcharbeitung dieses Kapitels sollte der Leser in der Lage sein,

- die Begriffe Tilgung und Annuität zu definieren und anzuwenden,

- zwischen einem endfälligen, einem Raten- und einem Annuitätendarlehen zu unterscheiden und die Charakteristika der einzelnen Kreditformen anzugeben,

- den qualitativen Verlauf der Restschuld, der Annuität und der Tilgungsraten bei den drei Kreditformen zu beschreiben,

- zu erläutern, wie ein Tilgungsplan aufgebaut ist,

- bei vorgegebener gewünschter Annuität ein Annuitätendarlehen über einen Tilgungsplan zu berechnen,

- bei vorgegebener gewünschter Gesamtlaufzeit die konstante Annuität zu berechnen,

- Sondertilgungen und tilgungsfreie Perioden in den Tilgungsplan aufzunehmen,

- für unterjährige Tilgungen, Tilgungspläne zu erstellen.

7.2 Einführung

Wenn Sie bei einer Bank einen Kredit aufnehmen, müssen Sie diesen einschließlich der anfallenden Zinsen und eventueller Gebühren auch wieder zurückzahlen. Diesen Prozess bezeichnet man als **Tilgung** des Kredits.

Wie schon in Kapitel 1 „Zinsfinanzinstrumente" erläutert, ist eine Geldanlage immer auch eine Kreditaufnahme für den Vertragspartner und umgekehrt.

Beispiel 7.1: Wenn Sie als Privatkunde 5.000 € zu einem Zinssatz von 3% p.a. auf einem Sparbuch bei einer Bank anlegen, so tätigen Sie eine Geldanlage. Für die Bank bedeutet Ihre Sparanlage aber eine Kreditaufnahme. Sie wird diesen Kredit auf Ihren Wunsch endfällig mit Zinseszinsen zurückzahlen.   □

Neu ist in diesem Kapitel, dass wir die Sichtweise des Kreditnehmers einnehmen.

7.3   Notationen und Begriffe

Aufgrund der inhaltlichen Nähe eines Kredits zu einer Geldanlage gelten die meisten bisherigen Notationen weiter. Die inhaltliche Interpretation ist aber der Perspektive des Schuldners angepasst. Wir bezeichnen den zu Beginn der ersten Periode der Kreditlaufzeit, d.h. den zum Zeitpunkt $t = 0$ aufgenommen Kreditbetrag mit K_0. Dieser Betrag stellt die **Anfangsschuld** dar.

Die Tilgung ist der Geldbetrag, der dazu beiträgt, dass sich die aktuelle Schuld, die so genannte **Restschuld**, verringert. Den in einer Periode j erbrachten Tilgungsbetrag nennen wir T_j. Durch die Tilgung verringert sich die Restschuld K_j des Schuldners. Der Schuldner muss jedoch nicht nur die Tilgung T_j pro Periode entrichten, sondern auch die Zinsleistung Z_j erbringen. Die Zinsen werden auf die jeweilige Restschuld berechnet. Die Summe aus Tilgung und Zinsen bezeichnet man als die **Annuität** $A_j = T_j + Z_j$. Sie stellt die eigentliche Belastung des Schuldners dar.

Die Verzinsung erfolgt geometrisch und nachschüssig. Für die Annuitätenzahlungen sind ähnlich wie bei der Rentenrechnung eine vorschüssige und eine nachschüssige Zahlungsweise möglich. Wir behandeln hier nur nachschüssig geleistete Annuitätenzahlungen.

7.4   Tilgungsarten

Bei der Aufnahme eines Kredits können verschiedene Rückzahlungsmodalitäten vereinbart werden.

7.4.1   Endfällige Schuld

Prinzipiell ist es möglich die gesamte Schuld in einem Betrag, am Ende der Laufzeit zurückzuzahlen. Man nennt dieses eine **endfällige Schuld**. Dabei kann danach unterschieden werden, wie die pro Periode anfallenden Zinsen gezahlt werden:

1. Zum einen können die Zinsen bereits während der Laufzeit gezahlt werden. Die ausstehende Restschuld bleibt dann während der Laufzeit konstant. Pro Periode sind konstante Zinsen zu entrichten, am Ende der letzten Zinsperiode erfolgt die Tilgung der aufgenommenen Kreditschuld und die Zinszahlung für die letzte Periode.

2. Alternativ können die Zinsleistungen während der Laufzeit auch ausgesetzt werden. Die Restschuld erhöht sich so von Periode zu Periode um die Zinsen und Zinseszinsen. Am Ende der Laufzeit wird die Kreditschuld mit angesammelten Zinsen zurückgezahlt.

Diese Arten der Tilgung, die z.B. bei Wertpapieren oder Sparkonten erfolgen, haben wir aus dem Blickwinkel des Anlegers bereits im Kapitel 3 „Zinsrechnung" diskutiert.

Beispiel 7.2 (Fortführung von Beispiel 7.1): Da Ihr Freund in finanziellen Schwierigkeiten ist, verzichten Sie auf die Anlage Ihrer 5.000 € auf dem Sparbuch und geben ihm einen Kredit. Als Zinssatz wählen Sie die 3% p.a., die Ihnen gegenüber der Anlage auf dem Sparbuch entgehen. Ihr Freund verspricht, Ihnen das Geld in 3 Jahren zurückzuzahlen.

Für Sie bedeutet die Überlassung der 5.000 € eine Geldanlage, für Ihren Freund die Aufnahme eines Kredits. Nach 3 Jahren hat sich der Wert des Kapitals zu

$$K_3 = K_0 \cdot (1+i)^3 = 5.000 \ € \cdot 1{,}03^3 = 5.463{,}64 \ €$$

entwickelt, die Ihr Freund endfällig mit angesammelten Zinsen zurückzahlt. Davon entfallen 5.000 € auf die Tilgung der Kreditsumme, 463,64 € entsprechen den Zinsen und Zinseszinsen. □

Nimmt ein Privatkunde bei einer Bank einen Kredit auf, erfolgt die Tilgung in den meisten Fällen in mehreren Teilbeträgen. Wir werden hier die Raten- und die Annuitätentilgung betrachten.

7.4.2 Ratentilgung

Beispiel 7.3: Sie nehmen einen Kredit zum Kauf eines Pkw in Höhe von 30.000 € auf. Dieser wird mit 10% p.a. verzinst. Jedes Jahr wollen Sie 10.000 € tilgen. Geben Sie die Kontostände sowie die Annuitäten pro Jahr bis zur vollständigen Tilgung des Kredits an!

Lösung: Zur Darstellung der Kontostände, etc. ist es sinnvoll, in Excel oder auf dem Papier einen so genannten **Tilgungsplan** anzufertigen. In diesem Tilgungsplan fügt man pro Zinsperiode eine Zeile ein und notiert jeweils die Restschuld zu Beginn der Periode, die für die Periode gezahlten Zinsen, die entrichtete Tilgung, die gesamte Annuität, sowie die Restschuld am Ende der Periode.

Eine andere Anordnung des Tilgungsplans ist natürlich ebenfalls möglich. Es ist auch denkbar, die Restschuld nur zu Beginn oder zum Ende der Periode aufzuführen. Die vorgeschlagene Methode garantiert aber eine größere Übersichtlichkeit. Wir werden später sehen, dass der Tilgungsplan leicht um weitere Komponenten eines Kredits erweitert werden kann.

Wir gehen zunächst in einzelnen Schritten vor:

1. Die Restschuld zu Beginn des ersten Jahres entspricht der aufgenommenen Kreditsumme von 30.000 €. Sie kann sofort in den Tilgungsplan eingefügt werden.

Tabelle 7-1:   *Erster Tilgungsplan, 1. Schritt*

Jahr	Restschuld zu Beginn des Jahres	Zins	Tilgung	Annuität	Restschuld am Ende des Jahres
1	30.000,00 €				
2					
3					

2. Die gewünschte Tilgung ist mit 10.000 € pro Jahr angegeben. Diese Angabe kann in den gesamten Tilgungsplan übernommen werden.

3. Dadurch ergibt sich auch bereits der Verlauf der Restschuld.

Tabelle 7-2:   *Erster Tilgungsplan, 2. Schritt*

Jahr	Restschuld zu Beginn des Jahres	Zins	Tilgung	Annuität	Restschuld am Ende des Jahres
1	30.000,00 €		10.000,00 €		20.000,00 €
2	20.000,00 €		10.000,00 €		10.000,00 €
3	10.000,00 €		10.000,00 €		0,00 €

4. Die Zinsen werden jeweils auf die Restschuld bezahlt. Im ersten Jahr sind daher 10% von 30.000 €, d.h. 3.000 € fällig, im zweiten Jahr sind es 2.000 €, usw.

5. Als letztes lassen sich die jährlichen Belastungen, d.h. die Annuitäten als Summe aus Zins und Tilgung berechnen, so z.B. im ersten Jahr 3.000 € + 10.000 € = 13.000 € etc.

Tabelle 7-3:   *Erster Tilgungsplan, 3. Schritt*

Jahr	Restschuld zu Beginn des Jahres	Zins	Tilgung	Annuität	Restschuld am Ende des Jahres
1	30.000,00 €	3.000,00 €	10.000,00 €	13.000,00 €	20.000,00 €
2	20.000,00 €	2.000,00 €	10.000,00 €	12.000,00 €	10.000,00 €
3	10.000,00 €	1.000,00 €	10.000,00 €	11.000,00 €	0,00 €

Der Tilgungsplan lässt sich so nach und nach vervollständigen. In diesem Beispiel lassen sich durch die konstanten Tilgungen die Restschulden bereits früh für die gesamte Laufzeit angeben. Man kann den Tilgungsplan aber auch Zeile für Zeile ausfüllen, also jeweils von einer Periode zur nächsten fortschreiten. Dieses Vorgehen ist bei allen Tilgungsvorgängen möglich. □

Das Beispiel illustriert folgende Sachverhalte:

1. Die Tilgung ist (wie in der Aufgabenstellung vorgegeben) pro Jahr konstant. Dieses ist das Charakteristikum eines **Ratendarlehens**.

2. Der Zins wird jeweils auf die Restschuld berechnet. Da die Restschuld von Periode zu Periode geringer wird, werden auch die zu zahlenden Zinsen von Periode zu Periode geringer.

3. Da die Tilgung konstant ist und die zu zahlenden Zinsen von Periode zu Periode geringer werden, nimmt die Annuität als Summe von Zinsen und Tilgung von Periode zu Periode ab.

Definition: Bei einer **Ratentilgung** wird der Kreditbetrag in konstanten Beträgen getilgt.

Allgemein beträgt die Tilgungsrate demnach bei einer Laufzeit des Kredits von n Jahren

$$T = T_j = \frac{K_0}{n} .$$

(7.1)

Fortführung von Beispiel 7.3: Im Beispiel wird der Kreditbetrag von 30.000 € in 3 Jahren in Tilgungsraten von 30.000 €/3 = 10.000 € pro Jahr getilgt. □

Erstellt man den Tilgungsplan von Periode zu Periode, so gilt allgemein:

Tabelle 7-4:   *Tilgungsplan bei der Ratentilgung*

Periode	Restschuld zu Beginn der Periode	Zins	Tilgung	Annuität	Restschuld am Ende der Periode
j-1	...	...	...	...	K_{j-1}
j	$K_{j\,1}$	$Z_j = K_{j-1} \cdot i_j$	$T = K_0 / n$	$A_j = T + Z_j$	$K_j = K_{j-1} - T$

1. Die Restschuld am Ende der vorherigen Periode wird als Restschuld zu Beginn der aktuellen Periode übernommen.

2. Die Zinsen werden auf die Restschuld zu Beginn der Periode berechnet.

3. Der konstante Tilgungsbetrag wird aufgeführt.

4. Die Annuität kann als Summe aus Tilgung und Zinsen berechnet werden.

5. Die Restschuld am Ende des Jahres ergibt sich aus der Restschuld zu Beginn des Jahres abzüglich der konstanten Tilgung.

Abbildung 7-1:   *Entwicklung der Restschuld eines Ratendarlehens*

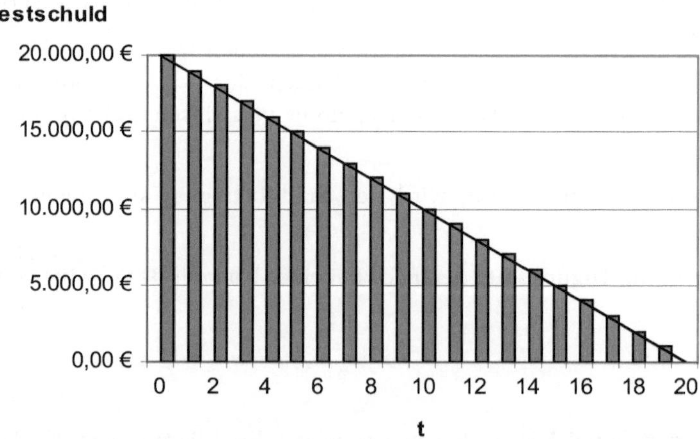

Da die Restschuld pro Periode um einen konstanten Betrag verringert wird, baut sie sich linear ab. Dieses hat den Vorteil, dass das Ratendarlehen leicht zu berechnen ist und sich meist „glatte Beträge" für die Restschuld ergeben.

Abbildung 7-1 zeigt beispielhaft den Verlauf der Restschuld eines Ratendarlehens über 20.000 € mit einer Laufzeit von 20 Jahren. Pro Jahr werden 1.000 € getilgt.

Da die Tilgung konstant ist, der zu zahlende Zinsbetrag aber von Periode zu Periode kleiner wird, fällt damit die insgesamt zu entrichtende Annuität $A_j = T + Z_j$.

Ist es für den Bankkunden günstig, wenn die Annuität während der Laufzeit des Kredits abnimmt?

Die Beantwortung der Frage hängt sicherlich von der persönlichen Situation ab. Man könnte natürlich argumentieren, dass es vorteilhaft ist, wenn man mit zunehmender Zeit immer weniger zahlen muss. Andererseits bedeutet dieses aber auch, dass die Belastung am Beginn der Laufzeit eher hoch ist. In Beispiel 7.3 zahlt man im ersten Jahr 13.000 €, im letzten Jahr hingegen nur noch 11.000 €. Meist sind die für die Kredittilgung zur Verfügung stehenden Mittel im Zeitablauf aber konstant oder der Kunde hat in späteren Jahren aufgrund von möglichen Gehaltserhöhungen, etc. eventuell sogar mehr Geld zur Verfügung.

Bei den von Privatkunden häufig in Anspruch genommenen Baufinanzierungskrediten kommt hinzu, dass beim Einzug in eine Immobilie zu Beginn oft außergewöhnliche Ausgaben für den Kreditnehmer entstehen. So wird z.B. eine neue Einrichtung gekauft, es wird Geld für die Anlage eines Gartens benötigt, beim Kauf eines älteren Hauses sind eventuell Instandsetzungsmaßnahmen nötig. Ist dann die Annuität aus dem Kredit zu Beginn der Laufzeit besonders hoch, so bedeutet dieses eine doppelte Belastung für den Kreditnehmer. Für den Bankkunden, der ein Baufinanzierungsdarlehen aufnimmt, ist daher in vielen Fällen eine konstante Annuität vorteilhafter. Dieses leistet ein Annuitätendarlehen.

7.4.3   Annuitätentilgung

Beispiel 7.4: Zur Finanzierung einer Altbauwohnung nimmt Familie Schmidt einen Kredit über 100.000 € bei einem Jahreszinssatz von 4% p.a. und einer Laufzeit von 10 Jahren auf. Schmidts können jährlich 10.000 € für die Bedienung des Kredits (Tilgung und Zinsen) aufbringen. Sie möchten diese Rückzahlung jeweils am Ende des Jahres leisten. Wie sieht ihr Tilgungsplan aus?

Lösung: Wir gehen wieder in einzelnen Schritten vor.

1. Als erstes lassen sich die Anfangsschuld und die vorgegebene Annuität von 10.000 € in den Tilgungsplan eintragen. Die Annuität kann man bereits in den gesamten Tilgungsplan einfügen. Wir gehen hier aber Zeile für Zeile vor, schreiten also von Jahr zu Jahr voran.

2. Weiterhin beträgt die Zinszahlung in der ersten Periode 4% der Anfangsschuld von 100.000 €, d.h. also 4.000 €.

Tabelle 7-5:   *Tilgung beim Annuitätendarlehen, Schritte 1 und 2 (Beispiel 7.4)*

Jahr	Restschuld zu Beginn des Jahres	Zins	Tilgung	Annuität	Restschuld am Ende des Jahres
1	100.000,00 €	4.000,00 €		10.000,00 €	

3. Nun wird die Tilgung berechnet. Da die Annuität die Summe aus Tilgung und Zinsen darstellt, beträgt die Tilgung im ersten Jahr 10.000 € - 4.000 € = 6.000 €.

4. Die Restschuld am Ende des ersten Jahres ergibt sich dann aus der Restschuld zu Beginn des Jahres abzüglich der Tilgung, d.h. 100.000 € - 6.000 € = 94.000 €.

5. Die Restschuld zu Beginn des zweiten Jahres entspricht der Restschuld am Ende des ersten Jahres, also 94.000 €.

Tabelle 7-6:   *Tilgung beim Annuitätendarlehen, Schritte 3-5 (Beispiel 7.4)*

Jahr	Restschuld zu Beginn des Jahres	Zins	Tilgung	Annuität	Restschuld am Ende des Jahres
1	100.000,00 €	4.000,00 €	6.000,00 €	10.000,00 €	94.000,00 €
2	94.000,00 €				

Diese 5 Schritte werden für jedes Jahr der Laufzeit des Darlehens durchgeführt, so dass sich schließlich der Tilgungsplan für die gesamten 10 Jahre ergibt.

Tabelle 7-7:   *Tilgung beim Annuitätendarlehen (Beispiel 7.4)*

Jahr	Restschuld zu Beginn des Jahres	Zins	Tilgung	Annuität	Restschuld am Ende des Jahres
1	100.000,00 €	4.000,00 €	6.000,00 €	10.000,00 €	94.000,00 €
2	94.000,00 €	3.760,00 €	6.240,00 €	10.000,00 €	87.760,00 €
3	87.760,00 €	3.510,40 €	6.489,60 €	10.000,00 €	81.270,40 €
4	81.270,40 €	3.250,82 €	6.749,18 €	10.000,00 €	74.521,22 €
5	74.521,22 €	2.980,85 €	7.019,15 €	10.000,00 €	67.502,06 €
6	67.502,06 €	2.700,08 €	7.299,92 €	10.000,00 €	60.202,15 €
7	60.202,15 €	2.408,09 €	7.591,91 €	10.000,00 €	52.610,23 €
8	52.610,23 €	2.104,41 €	7.895,59 €	10.000,00 €	44.714,64 €
9	44.714,64 €	1.788,59 €	8.211,41 €	10.000,00 €	36.503,23 €
10	36.503,23 €	1.460,13 €	8.539,87 e	10.000,00 €	27.963,36 €

Am vorliegenden Tilgungsplan lassen sich folgende Beobachtungen machen:

1. Die Annuität ist in jedem Jahr gleich hoch. Es war der Wunsch von Familie Schmidt eine konstante jährliche Belastung zu haben.

2. Da die Restschuld abnimmt, verringert sich der zu entrichtende Zinsbetrag im Zeitverlauf.

3. Da der Zinsanteil abnimmt, die Annuität als Summe aus Zinsen und Tilgung aber konstant ist, wächst der Tilgungsanteil von Jahr zu Jahr.

4. Am Ende der Kreditlaufzeit von 10 Jahren ist der Kredit noch nicht vollständig getilgt. Dieses ist in der Praxis der Regelfall. Schmidts haben nun die Möglichkeit, die Restschuld von 27.963,36 € in einem Betrag zurückzuzahlen oder das Darlehen zu verlängern. Bei einem Folgedarlehen findet aber eine Zinsanpassung an das aktuelle Zinsniveau statt. Sind die Zinsen gestiegen, müssen Schmidts einen höheren Kreditzinssatz in Kauf nehmen. Sind die Zinsen gefallen, profitieren Schmidts von dem niedrigeren Zinsniveau.   □

Fortführung von Beispiel 7.4: Schmidts erhalten ein Folgedarlehen zu denselben Konditionen, d.h. zu einem Jahreszinssatz von 4% p.a. Der Tilgungsplan gestaltet sich dann in den kommenden Jahren wie folgt:

Tabelle 7-8:   *Tilgung beim Annuitätendarlehen (Fortführung von Beispiel 7.4)*

Jahr	Restschuld zu Beginn des Jahres	Zins	Tilgung	Annuität	Restschuld am Ende des Jahres
10	36.503,23 €	1.460,13 €	8.539,87 €	10.000,00 €	27.963,36 €
11	27.963,36 €	1.118,53 €	8.881,47 €	10.000,00 €	19.081,89 €
12	19.081,89 €	763,28 €	9.236,72 €	10.000,00 €	9.845,17 €
13	9.845,17 €	393,81 €	9.606,19 €	10.000,00 €	238,97 €

Am Ende des insgesamt 13. Jahres nach der Aufnahme des ersten Kredits verbleibt eine Restschuld von 238,97 €, die in diesem Fall wohl zusammen mit der letzten Annuität erbracht würde, so dass die Annuität im 13. Jahr 10.238,97 € beträgt. Alternativ könnte der Restbetrag natürlich auch noch ein weiteres Jahr als Schuld bestehen bleiben und mit den anfallenden Zinsen am Ende des 14. Jahres beglichen werden. Diese Entscheidung wird man in Anhängigkeit von der Höhe des Restbetrages fällen.   □

Definition: Bei einer **Annuitätentilgung** ist die Annuität als Summe aus Tilgung und Zinsen konstant.

Die Annuitätentilgung kann wie die Ratentilgung immer über einen Tilgungsplan dargestellt werden. Auf diese Weise kann man sich z.B. den Kapitalverlauf und die Restschuld am Ende der Zinsbindungsdauer veranschaulichen.

Wir wollen auch hier das allgemeine Vorgehen beim Erstellen eines Tilgungsplans beschreiben.

Tabelle 7-9:   *Tilgungsplan bei der Annuitätentilgung*

Periode	Restschuld zu Beginn der Periode	Zins	Tilgung	Annuität	Restschuld am Ende der Periode
j-1	...	...	...	...	K_{j-1}
j	K_{j-1}	$Z_j = K_{j-1} \cdot i_j$	$T_j = A - Z_j$	A	K_j

1. Die Restschuld der vorherigen Periode wird als Restschuld zu Beginn der aktuellen Periode übernommen.

2. Die Zinsen werden auf die Restschuld zu Beginn der Periode berechnet.

3. Die konstante Annuität wird in den Tilgungsplan eingetragen.

4. Der Tilgungsanteil der Periode berechnet sich aus der Annuität abzüglich der Zinsen.

5. Die Restschuld am Ende des Jahres ergibt sich aus der Restschuld zu Beginn der Periode abzüglich der Tilgung.

Der Tilgungsplan unterscheidet sich von der Ratentilgung nur im dritten und vierten Punkt. Während beim Ratendarlehen der konstante Tilgungsbetrag eingetragen wird, aus dem man dann die Annuität errechnet, wird beim Annuitätendarlehen die konstante Annuität eingetragen und die Tilgung der aktuellen Periode berechnet.

Der Verlauf der Tilgungsbeträge und der Restschuld ist von demjenigen der Ratentilgung jedoch sehr verschieden.

1. Da die Annuität konstant ist, die Zinsen aber, aufgrund der kleiner werdenden Restschuld, im Laufe der Zeit abnehmen, wird der für die Tilgung zur Verfügung stehende Betrag $T_j = A - Z_j$ von Periode zu Periode größer.

2. Wird der Tilgungsanteil im Laufe der Zeit größer, so verringert sich die Restschuld zu Beginn weniger stark als gegen Ende der Laufzeit. Die Restschuld nimmt also nicht mehr linear, sondern progressiv ab.

Abbildung 7-2: *Entwicklung der Restschuld eines Annuitätendarlehens*

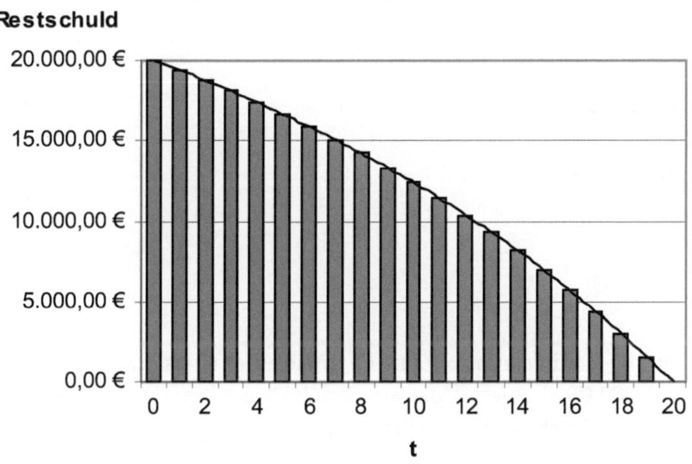

Abbildung 7-2 zeigt die Entwicklung der Restschuld eines Annuitätendarlehens über 20.000 € bei einer Laufzeit von 20 Jahren.

7.4.3.1   Annuität bei vorgegebener Gesamtlaufzeit

In der Praxis wird der Kreditnehmer meist die Annuität vorgeben, die er pro Periode entrichten kann. Mit dieser Angabe ist dann der gesamte Tilgungsplan und unter anderem auch die Laufzeit des Kredits bestimmt (s. Beispiel 7.4).

In der finanzmathematischen Literatur wird meist ein anderer Weg beschritten. Es wird nach der konstanten Annuität gesucht, die sich bei einer vorgegebenen Gesamtlaufzeit des Kredits bei vollständiger Tilgung ergibt. Obwohl dieser Weg in der Praxis unüblich ist, diskutieren wir das Vorgehen kurz. Zum einen lässt sich daran die Analogie einer Annuitätentilgung zur Rentenrechnung erkennen. Zum anderen kann die hergeleitete Formel nachträglich zur Berechnung der Laufzeit eines Kredits bei vorgegebener Annuität verwendet werden.

Ist die Laufzeit n des Kredits vorgegeben, d.h. soll der Kredit nach genau n Perioden durch Zahlung von konstanten Annuitäten vollständig getilgt sein, so gilt für die Restschuld nach n Perioden $K_n = 0$. Es liegt eine aus der Rentenrechnung bekannte Situation vor. In der Rentenrechnung hatten wir das Szenario betrachtet, dass ein angelegtes Kapital durch Abheben von n konstanten Raten verbraucht wird. Dieses bezeichneten wir als Kapitalverzehr (Gleichung (6.10). Hat man ein Kapital als Kredit aufgenommen, den man durch n konstante Annuitäten tilgen möchte, liegt dieselbe Situation mit umgekehrter Betrachtungsweise vor. Statt der Rate r, wird nun also die Annuität A gesucht, die nach n Jahren zur vollständigen Tilgung des Kredits führt. Sie kann aus der Formel für den Kapitalverzehr bestimmt werden.

Aus

$$K_n = K_0 \cdot q^n - A \cdot \frac{q^n - 1}{i} = 0$$

ergibt sich durch Umformen

$$A = K_0 \cdot q^n \cdot \frac{i}{q^n - 1}. \tag{7.2}$$

Beispiel 7.5: Familie Müller nimmt zur Finanzierung eines Einfamilienhauses ein Darlehen über 125.000 € bei einem Zinssatz von 4,5% p.a. auf. Das Darlehen soll in 15 Jahren getilgt sein. Wie hoch ist die jährliche Annuität?

Lösung: Müllers müssen jährlich

$$A = K_0 \cdot q^n \cdot \frac{i}{q^n - 1} = 125.000 \ \text{€} \cdot 1,045^{15} \cdot \frac{0,045}{1,045^{15} - 1} = 11.639,23 \ \text{€}$$

für Tilgung und Zinsen aufbringen. □

Bei vorgegebener Annuität kann aus Formel (7.2) die Laufzeit des Kredits bestimmt werden.

Beispiel 7.6: Familie Zimmermann nimmt zur Finanzierung einer Doppelhaushälfte einen Kredit über 135.000 € bei einem Zinssatz von 5% p.a. auf. Zimmermanns können sich eine jährliche Annuität von 9.000 € leisten. Wie lange dauert es bis zur vollständigen Tilgung des Kredits?

Lösung: Es muss zunächst nach der Laufzeit aufgelöst werden

$$A = K_0 \cdot q^n \cdot \frac{i}{q^n - 1} \quad \Leftrightarrow \quad A \cdot q^n - A - K_0 \cdot q^n \cdot i = 0 \quad \Leftrightarrow \quad q^n = \frac{A}{A - K_0 \cdot i}$$

$$\Leftrightarrow \quad n = \frac{\ln\left(\dfrac{A}{A - K_0 \cdot i}\right)}{\ln(q)} = \frac{\ln\left(\dfrac{9.000 \ \text{€}}{9.000 \ \text{€} - 135.000 \ \text{€} \cdot 0,05}\right)}{\ln(1,05)} = 28,41. \tag{7.3}$$

Bei einer jährlichen Annuität von 9.000 € dauert es 28,41 Jahre bis der Kredit vollständig getilgt ist. □

7.4.3.2 Annuitätentilgung bei vorgegebenem anfänglichem Tilgungssatz

Bei der Vergabe eines Kredits schreiben viele Banken eine anfängliche Mindesttilgung in Prozentpunkten von der Kreditsumme vor. Hieraus lässt sich natürlich sofort wieder die absolute Höhe der Annuität berechnen.

Beispiel 7.7: Familie Berg beantragt einen Kredit über 150.000 €. Es wird ein Zinssatz von 5,5% p.a. gewährt. Die Bank fordert eine anfängliche Tilgung von mindestens 1% p.a. der Kreditsumme. Wie hoch ist die jährliche Annuität bei diesem anfänglichen Tilgungssatz von 1% p.a.?

Lösung: Die Tilgung im ersten Jahr beträgt 1% von 150.000 €, d.h. 1.500 €. Hinzu kommen Zinsen in Höhe von 5,5% von 150.000 €, d.h. 8.250 €. Die jährliche Annuität beträgt also 9.750 €. Mit dieser Annuität kann der Tilgungsplan weiter berechnet werden. □

Bemerkung: Der Tilgungssatz ändert sich in den folgenden Perioden. Da der Tilgungsanteil beim Annuitätendarlehen immer größer wird und gleichzeitig die Restschuld abnimmt, wird der Tilgungssatz T_j / K_{j-1} auf den ausstehenden Betrag immer größer.

7.4.3.3   Sondertilgungen, tilgungsfreie Perioden, Kreditgebühren

Über den beschriebenen Tilgungsplan können nun auch weitere, zum Teil individuelle Strukturen eines Kredits in die Berechnung aufgenommen werden.

1. Eine typische Vereinbarung stellt die Gewährung von **tilgungsfreien Perioden** zu Beginn der Laufzeit dar. Dieses Verfahren wird z.B. bei Zwischenfinanzierungen von Baufinanzierungsdarlehen angewandt. Hierbei kann danach unterschieden werden, ob die anfallenden Zinsen zeitgleich bezahlt werden, so dass die Restschuld in den tilgungsfreien Perioden konstant bleibt, oder ob die Zinszahlungen ebenfalls ausgesetzt werden und sich die Restschuld während der tilgungsfreien Zeit somit erhöht.

2. Häufig wird bei Kreditverträgen das Recht auf **Sondertilgungen** eingeräumt. Der Schuldner kann je nach Vereinbarung einmal im Jahr, mehrmals im Jahr oder auch beliebig oft, zusätzliche Tilgungen in Höhe von meist maximal 5% bis 10% der Kreditsumme oder eventuell auch in beliebiger Höhe vornehmen. Sondertilgungen bieten dem Schuldner eine gewisse Flexibilität. Er kann so unvorhergesehene Geldeingänge, wie z.B. Erbschaften, Steuerrückzahlungen, Gewinne, etc. für die Rückzahlung des Kredits einsetzen.

3. Oft fallen bei der Kreditaufnahme Gebühren, wie etwa für die Kreditbearbeitung, etc. an. Sie können der Schuld zugeschlagen werden, so dass sie die Restschuld zu Beginn der Laufzeit erhöhen. Eine andere Möglichkeit besteht darin, die Gebühren von dem ausgezahlten Kapital abzuziehen. Der Kunde bekommt so einen geringeren Betrag als die Kreditsumme ausbezahlt, die anfängliche Zinszahlung erfolgt aber auf den vereinbarten Kreditbetrag.[35]

Beispiel 7.8: Familie Eder nimmt einen Baufinanzierungskredit in Höhe von 100.000 € zu einem Zinssatz von 4% p.a. auf. Die Bank berechnet einmalige Bearbeitungsgebühren in Höhe von 1% der Kreditsumme, die vom ausgezahlten Betrag abgezogen werden. Es wird eine jährlich nachschüssige Annuität in Höhe von 12.000 € vereinbart. In den ersten beiden Jahren wird das Darlehen tilgungsfrei gestellt, die anfallenden Zinsen sind aber zu begleichen. Sondertilgungen können in beliebiger Höhe am Ende jeden Jahres vorgenommen werden.

Eders erwarten am Ende des vierten Jahres 6.000 € und am Ende des sechsten Jahres 3.000 € für eine Sondertilgung aufbringen zu können.

---

[35] S. z.B. *Kobelt/Schulte*, 1999, S.183 ff.

Stellen Sie den Verlauf der Restschuld bis zum Ende der Zinsbindung nach 10 Jahren in einem Tilgungsplan dar!

Lösung: Da die Bank 1% Bearbeitungsgebühren berechnet, bekommen Eders nur 99.000 € ausgezahlt. Es müssen aber dennoch 100.000 € getilgt werden. Es ergibt sich folgender Tilgungsplan:

Tabelle 7-10:   *Tilgungsplan mit tilgungsfreien Perioden, Sondertilgungen und Gebühren*

Jahr	Restschuld zu Beginn des Jahres	Zins	Tilgung	Annuität	Sondertilgung	Restschuld am Ende des Jahres
1	100.000,00 €	4.000,00 €	-	4.000,00 €	-	100.000,00 €
2	100.000,00 €	4.000,00 €	-	4.000,00 €	-	100.000,00 €
3	100.000,00 €	4.000,00 €	8.000,00 €	12.000,00 €	-	92.000,00 €
4	92.000,00 €	3.680,00 €	8.320,00 €	12.000,00 €	6.000,00 €	77.680,00 €
5	77.680,00 €	3.107,20 €	8.892,80 €	12.000,00 €	-	68.787,20 €
6	68.787,20 €	2.751,49 €	9.248,51 €	12.000,00 €	3.000,00 €	56.538,69 €
7	56.538,69 €	2.261,55 €	9.738,45 €	12.000,00 €	-	46.800,24 €
8	46.800,24 €	1.872,01 €	10.127,99 €	12.000,00 €	-	36.672,24 €
9	36.672,24 €	1.466,89 €	10.533,11 €	12.000,00 €	-	26.139,13 €
10	26.139,13 €	1.045,57 €	10.954,43 €	12.000,00 €	-	15.184,70 €

Da die ersten beiden Jahre tilgungsfrei bleiben, sind nur die Zinsen in Höhe von 4% p.a. auf 100.000 €, d.h. 4.000 € zu zahlen. Die Restschuld von 100.000 € bleibt bestehen.

Im dritten Jahr verringert sich die Restschuld regulär um den Tilgungsanteil von 12.000 € - 4.000 € = 8.000 € auf 92.000 €. Im vierten Jahr wird zusätzlich zu dem Tilgungsanteil noch die Sondertilgung abgezogen, so dass sich am Ende des Jahres eine Restschuld von 92.000 € - 8.320 € - 6.000 € = 77.680 € ergibt. So fährt man bis zum Ende des zehnten Jahres fort.   □

7.4.4   Unterjährige Tilgung

Auch unterjährige Zahlungsvereinbarungen können leicht in den Tilgungsplan integriert werden. Hierbei ist zu beachten, dass der Zinssatz angepasst wird. Wir verwenden, wie bei der unterjährigen Verzinsung üblich, den linear proportionalen Zinssatz.

7.4.4.1   Unterjährige Ratentilgung

Ein Ratendarlehen zeichnet sich durch konstante Raten während der Laufzeit aus. Soll die Tilgung über m unterjährige Perioden in n Jahren erfolgen, so hat man also nm Perioden und der Tilgungsbetrag errechnet sich zu

$$T = T_j = \frac{K_0}{n \cdot m} \,.$$
(7.4)

Beispiel 7.9: Familie Hummel nimmt zum Kauf einer neuen Küche einen Kredit über 5.000 € auf. Dieser wird mit 9% p.a. verzinst. Der Kredit soll in monatlichen Raten über 4 Jahre zurückgezahlt werden. Wie hoch sind die monatlichen Raten?

Lösung: Bei einer Laufzeit des Kredits von 4 Jahren und monatlicher Zahlungsweise liegen $4 \cdot 12 = 48$ Zinsperioden vor. Die Tilgung beläuft sich im Monat auf

$$T = T_j = \frac{5.000 \ \text{€}}{4 \cdot 12} = 104{,}17 \ \text{€}.$$

Für die monatlichen Zinszahlungen wird der linear proportionale Zinssatz von $0{,}09/12 = 0{,}0075$ verwendet.

Tabelle 7-11 zeigt Anfang und Ende des zugehörigen Tilgungsplans.

Tabelle 7-11:   *Unterjährige Ratentilgung (Beispiel 7.9)*

Jahr	Monat	Restschuld zu Beginn des Monats	Zins	Tilgung	Annuität	Restschuld am Ende des Monats
1	1	5.000,00 €	37,50 €	104,17 €	141,67 €	4.895,83 €
	2	4.895,83 €	36,72 €	104,17 €	140,89 €	4.791,67 €
	3	4.791,67 €	35,94 €	104,17 €	140,10 €	4.687,50 €
	4	4.687,50 €	35,16 €	104,17 €	139,32 €	4.583,33 €
...	...	...	...	...	...	...
4	10	312,50 €	2,34 €	104,17 €	106,51 €	208,33 €
	11	208,33 €	1,56 €	104,17 €	105,73 €	104,17 €
	12	104,17 €	0,78 €	104,17 €	104,95 €	0,00 €

□

7.4.4.2 Unterjährige Annuitätentilgung

Gibt der Schuldner die Höhe der Annuität an, die er aufbringen möchte, so bietet es sich auch bei der unterjährigen Annuitätentilgung an, die Berechnung über einen Tilgungsplan vorzunehmen. Auch hier ist zu beachten, dass der unterjährige lineare Zinssatz verwendet wird. Der Tilgungsplan wird dann analog zu jährlichen Annuitätenzahlungen aufgestellt.

Beispiel 7.10: Klaus nimmt für die Anschaffung eines Pkw einen Kredit in Höhe von 15.000 € zu einem Zinssatz von 8% p.a. auf. Der Kreditvertrag sieht eine Laufzeit von 2 Jahren und quartalsweise Annuitätenzahlungen in Höhe von 2.000 € vor. Wie sieht der Verlauf der Restschuld innerhalb dieser 2 Jahre aus?

Lösung: Da Klaus eine vierteljährliche Zahlungsweise vereinbart hat, muss er am Ende jedes Quartals 8%/4 = 2% Zinsen zahlen. Dieses sind bei einer anfänglichen Restschuld von 15.000 € zu Beginn der Kreditlaufzeit 300 €. Es verbleiben 1.700 € für die Tilgung. Insgesamt ergibt sich folgender Tilgungsplan:

Tabelle 7-12:   *Unterjährige Annuitätentilgung (Beispiel 7.10)*

Jahr	Quartal	Restschuld zu Beginn des Quartals	Zins	Tilgung	Annuität	Restschuld am Ende des Quartals
1	1	15.000,00 €	300,00 €	1.700,00 €	2.000,00 €	13.300,00 €
	2	13.300,00 €	266,00 €	1.734,00 €	2.000,00 €	11.566,00 €
	3	11.566,00 €	231,32 €	1.768,68 €	2.000,00 €	9.797,32 €
	4	9.797,32 €	195,95 €	1.804,05 €	2.000,00 €	7.993,27 €
2	5	7.993,27 €	159,87 €	1.840,13 €	2.000,00 €	6.153,13 €
	6	6.153,13 €	123,06 €	1.876,94 €	2.000,00 €	4.276,19 €
	7	4.276,19 €	85,52 €	1.914,48 €	2.000,00 €	2.361,72 €
	8	2.361,72 €	47,23 €	1.952,77 €	2.000,00 €	408,95 €

Am Ende des zweiten Jahres besteht noch ein Restschuld von 408,95 €, die zusammen mit der letzten Annuität von 2.000 € beglichen werden kann. □

Wird hingegen eine Gesamtlaufzeit von n Jahren bei m unterjährigen Perioden vorgegeben, so berechnet sich in Verallgemeinerung von Gleichung (7.2) die unterjährige Annuität aus

$$K_0 \cdot q^{n \cdot m} - A \cdot \frac{q^{n \cdot m} - 1}{q - 1} = 0$$

zu

$$A = K_0 \cdot q^{n \cdot m} \cdot \frac{q - 1}{q^{n \cdot m} - 1}. \tag{7.5}$$

Beispiel 7.11 (Fortführung von Beispiel 7.5): Familie Müller hatte zur Finanzierung ihres Einfamilienhauses ein Darlehen über 125.000 € bei einem Zinssatz von 4,5% p.a. aufgenommen (Laufzeit: 15 Jahre). Sie entscheidet sich nun, statt einer jährlichen eine monatliche Annuität zu erbringen. Wie hoch ist die monatliche Annuität?

Lösung: Müllers müssen monatlich

$$A = K_0 \cdot q^{n \cdot m} \cdot \frac{q - 1}{q^{n \cdot m} - 1} = 125.000 \ \text{€} \cdot 1{,}045^{15 \cdot 12} \cdot \frac{1{,}045 - 1}{q^{15 \cdot 12} - 1} = 956{,}24 \ \text{€}$$

aufbringen.

7.5 Zusammenfassung

Das folgende Mindmap in Abbildung 7-3 stellt die Charakteristika der einzelnen Tilgungsarten zusammenfassend noch einmal grafisch dar.

Abbildung 7-3:   *Mindmap: Tilgung*

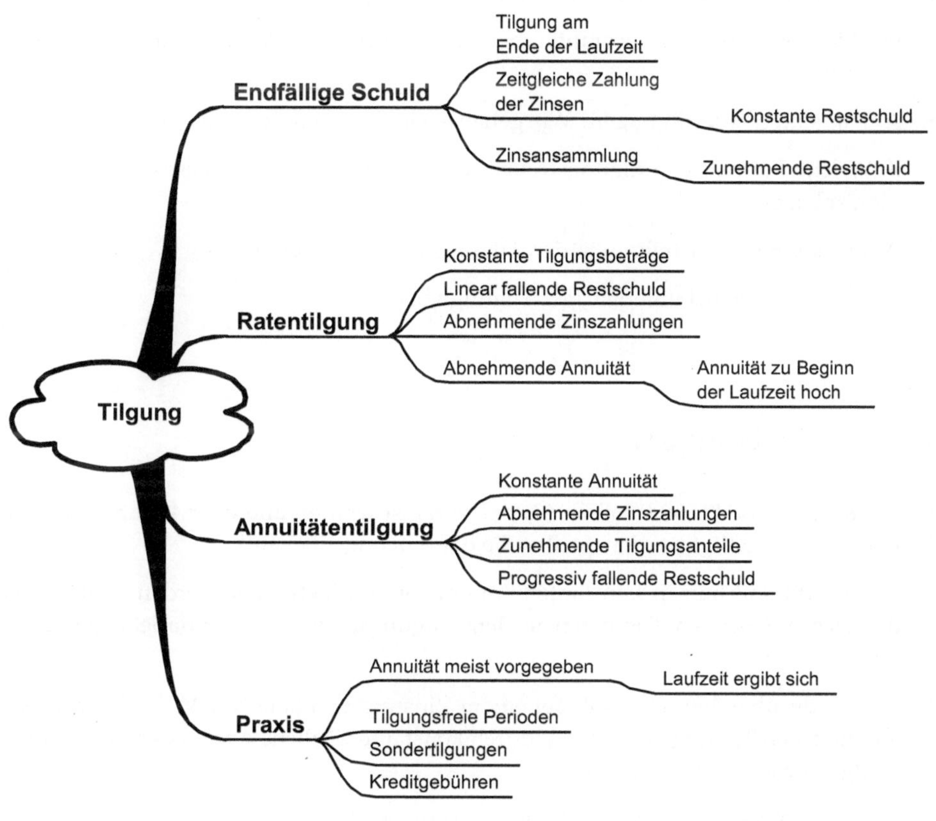

7.6   Partnerinterview

1. A: Was versteht man unter der Tilgung einer Schuld?

    B: Was ist eine Annuität?

2. A: Welche Formen von endfälligen Schulden gibt es? Geben Sie Beispiele!

    B: Wie ist ein Tilgungsplan aufgebaut?

3. A: Wie tilgt sich eine Schuld bei der Annuitätentilgung? Was ist ein Vorteil dieser Tilgungsart?

B: Wie tilgt sich eine Schuld bei der Ratentilgung?

4. A: Wie werden in der Praxis Annuität und Tilgung bestimmt?

   B: Wie kann man die Annuität bei vorgegebener Gesamtlaufzeit des Kredits bestimmen?

5. A: Was sind Sondertilgungen? Wie gehen sie in den Tilgungsplan ein?

   B: Welche Formen von tilgungsfreien Perioden gibt es? Wie gehen sie in den Tilgungsplan ein?

6. A: Wie kann man Gebühren in den Tilgungsplan integrieren?

   B: Wie geht man bei unterjähriger Tilgung vor?

7.7   Übungen

1. Ein Kredit über 20.000 € soll zu 6% p.a. verzinst werden und über 4 Jahre in gleich hohen Raten getilgt werden. Stellen Sie den Tilgungsplan auf!

   Der Kredit soll nun in konstanten Annuitäten zurückbezahlt werden. Stellen Sie den sich ergebenden Tilgungsplan dem Tilgungsplan des Ratendarlehens gegenüber.

2. Ein Kredit über 150.000 € soll bei einem Zinssatz von konstant 4% p.a. und einer anfänglichen Tilgung von 2% p.a. durch konstante jährliche Annuitäten vollständig getilgt werden. Bestimmen Sie

   a) die Höhe der konstanten jährlichen Annuität

   b) die Laufzeit des Kredits.

   Stellen Sie zusätzlich einen Tilgungsplan auf!

3. Familie Müller möchte zur Finanzierung ihres Eigenheims ein Darlehen aufnehmen. Die jährliche Belastung darf 12.000 € nicht überschreiten. Der Zinssatz beträgt 7,5% p.a. In 25 Jahren soll das Darlehen vollständig getilgt sein. Welche Höhe darf das Darlehen haben?

   Wie sähe die Situation bei einem Zinssatz von 4% p.a. aus. Wie hoch dürfte der aufzunehmende Betrag dann sein?

4. Führen Sie mit einem Studienkollegen ein Finanzierungsgespräch für eine beliebige Anschaffung. Ermitteln Sie die benötigte Kredithöhe, die erforderliche Laufzeit sowie die gewünschten Zahlungsmodalitäten (Annuität, monatliche oder jährliche Rückzahlung, Sondertilgungen, tilgungsfreie Perioden). Versuchen Sie für die Kre-

ditgewährung einen zum Kredit passenden (Art des Kredits, Laufzeit, etc.) aktuellen Zinssatz zu ermitteln. Erstellen Sie für Ihren Kollegen einen Tilgungsplan!

5. Familie Groß benötigt zur Finanzierung eines Eigenheims einen Kredit in Höhe von 140.000 €. Die Bank gewährt einen Zinssatz von 3,95% p.a. Groß möchten monatlich 800 € für die Bedienung (Annuität) des Kredits aufbringen. Es wird das Recht auf Sondertilgungen in Höhe von maximal 5% der Kreditsumme pro Jahr eingeräumt. Die Familie erwartet in den ersten 3 Jahren jeweils am Ende des Jahres den vollen Sondertilgungsbetrag aufbringen zu können.

Stellen Sie den Tilgungsplan in Excel dar!

8 Kurs- und Renditerechnung

8.1 Lernziele

Dieses Kapitel führt in die grundlegenden Ideen der Kurs- und Renditerechnung ein. Nach Durcharbeitung des Kapitels sollte der Leser in der Lage sein,

- zwischen Real- und Nominalzinssätzen zu unterscheiden,

- Gründe für divergierende Real- und Nominalzinssätze anzugeben,

- zu erklären, warum sich der Kurs von Wertpapieren mit den Realzinssätzen ändert,

- zu erläutern, in welcher Richtung sich der Kurs eines Wertpapiers bei steigenden, bzw. bei fallenden Zinssätzen bewegt,

- den Kurs eines Zahlungsstroms anzugeben,

- den Begriff der Rendite zu definieren,

- die Rendite eines beliebigen Zahlungsstroms näherungsweise zu bestimmen,

- die Rendite einer endfälligen Schuld mit Zinsansammlung exakt zu berechnen.

8.2 Einführung

Beispiel 8.1: Herr Stein hat vor 2 Jahren eine Unternehmensanleihe mit einer Laufzeit von 5 Jahren und einem Nominalbetrag von 10.000 € gekauft. Die Zinszahlung für das zweite Jahr hat er soeben erhalten. Die Anleihe trägt einen Nominalzinssatz von 6% p.a. Herr Stein möchte die Anleihe nun zur Finanzierung einer größeren Anschaffung veräußern. Mittlerweile ist das Zinsniveau allerdings gesunken. Der Zinssatz für vergleichbare Unternehmensanleihen mit einer Restlaufzeit von 3 Jahren liegt nun nur noch bei 4% p.a. Welchen Preis kann Herr Stein für seine Anleihe erzielen?

Lösung: Da die Anleihe einen Nominalzinssatz von 6% p.a. hat, wird der potentielle Käufer am Ende des ersten und zweiten Jahres 6% von 10.000 €, also 600 € erhalten.

Am Ende der Restlaufzeit von 3 Jahren bekommt er den Nominalbetrag und die Zinsen des letzten Jahres, d.h. insgesamt 10.600 € ausbezahlt. Da das Zinsniveau mittlerweile gesunken ist, kann der Käufer Geldbeträge nur noch zum aktuellen Zinssatz von 4% p.a. anlegen. Die von ihm empfangenen Beträge haben so noch einen Barwert von

$$\frac{600\ \text{€}}{1,04} + \frac{600\ \text{€}}{1,04^2} + \frac{10.600\ \text{€}}{1,04^3} = 10.555,02\ \text{€}.$$

Herr Stein kann demnach für seine Anleihe 10.555,02 € verlangen. Der von ihm geforderte Preis kann deshalb höher als der Nominalbetrag der Anleihe sein, weil der Käufer seiner Anleihe wesentlich höhere Zinsen, nämlich in Höhe von 6% p.a., erhält als es momentan am Markt üblich ist. Würde der Käufer sich für eine alternative Anlage entscheiden, erhielte er nur eine Verzinsung von 4% p.a.

Die Anleihe von Herrn Stein besitzt so heute einen Kurs von

$$C = \frac{10.555,02\ \text{€}}{10.000\ \text{€}} = 1,0555,$$

d.h. von 105,5%. Da die Zinsen in den 2 Jahren seit dem Kauf der Anleihe gefallen sind, ist der Kurs der Anleihe gestiegen. $\qquad\square$

Fortführung von Beispiel 8.1: Wie sähe die Situation aus, wenn das Zinsniveau seit dem Kauf der Anleihe von 6% p.a. auf 8% p.a. gestiegen wäre?

Lösung: Wäre das Zinsniveau gestiegen, wäre die Anleihe für die potentiellen Käufer nicht mehr so attraktiv. Als Zinsen der Anleihe würde der Käufer dann pro Jahr weiterhin 600 € erhalten, sowie den angelegten Nominalbetrag, der am Ende des dritten Jahres ausgezahlt wird. Bei einer alternativen Anlage zu den aktuellen Marktzinsen würde ein Anleger hingegen 800 € Zinsen pro Jahr erhalten. Der Wert der Anleihe entspricht dem Barwert beim aktuellen Zinssatz von 8% p.a. in Höhe von

$$\frac{600\ \text{€}}{1,08} + \frac{600\ \text{€}}{1,08^2} + \frac{10.600\ \text{€}}{1,08^3} = 9.484,58\ \text{€}.$$

Dieses ist der „faire" Preis, den Herr Stein für die Anleihe noch fordern könnte. Die Anleihe hätte also nur noch einen Kurs von

$$C = \frac{9.484,58\ \text{€}}{10.000\ \text{€}} = 0,9484,$$

d.h. von 94,84%. Da die Zinsen gestiegen sind, ist der Kurs der Anleihe unter den Nennwert von 100% gefallen. $\qquad\square$

8.3 Kurs

Jedes Finanzprodukt besitzt einen **Nominalwert** oder **Nennwert**. Bei einem Wertpapier ist dieses z.B. der Betrag, der auf dem Wertpapier notiert ist. Bei einem Darlehen besteht der Nominalwert in der ausgehandelten Darlehenssumme. Den Nominalwert bezeichnen wir mit K_0.

Aufgrund verschiedener Faktoren weicht der Preis eines Finanzprodukts, den wir **Realwert** K'_0 nennen, in vielen Fällen vom Nominalwert ab.

Der Hauptgrund für voneinander abweichende Nominal- und Realwerte liegt in divergierenden Zinssätzen. Ein Wertpapier trägt einen **Nominalzinssatz**. Dieses ist der Zinssatz, der zwischen Käufer und Verkäufer des Wertpapiers für die Laufzeit des Papiers fixiert wurde. Am Markt herrschen aber oft davon abweichende Zinssätze. Dadurch unterscheiden sich der Nominalzinssatz i und der **Marktzinssatz** oder **Realzinssatz** i'. Dieses kann verschiedene Ursachen haben:

1. Wie bereits im Beispiel angedeutet, kann sich das Zinsniveau seit Beginn der Laufzeit des Wertpapiers verändert haben. Der Nominalzinssatz i bleibt für die Laufzeit des Papiers konstant, der Realzinssatz i' kann inzwischen höher und niedriger als zu Beginn der Laufzeit sein.

2. Die Bonität, d.h. die Kreditwürdigkeit, des Schuldners beeinflusst den Nominalzinssatz einer Anlage bzw. Geldaufnahme. Eine Privatperson ohne Sicherheiten wird für einen Kredit einen höheren nominalen Zinssatz i zahlen müssen als eine als sehr kreditwürdig eingestufte Geschäftsbank, die bei einer anderen Bank Geld ausleiht. Der Nominalzinssatz i des Kredits der Privatperson ohne Sicherheiten ist dann höher als der am Kapitalmarkt übliche Realzinssatz i'.

Der Realzinssatz i' kann auch als Effektivzinssatz bezeichnet werden.

Wir wollen voraussetzen, dass ein Schuldner sich zum Zeitpunkt $t = 0$ einmalig ein Kapital K_0 vom Gläubiger ausleiht. In der Folge erfolgt der Rückfluss des Kapitals in Form des Zahlungsstroms Z_1, Z_2, ..., Z_n vom Schuldner an den Gläubiger. Dabei sollen zukünftig nur positive Zahlungseingänge für den Gläubiger vorliegen. Weiter gehen wir hier davon aus, dass alle Zahlungseingänge mit den Zinszahlungsterminen zusammenfallen.[36]

---

[36] In der Praxis wird dieses natürlich nicht immer der Fall sein. Ein Wertpapier kann auch zwischen zwei Zinszahlungsterminen veräußert werden. Der Käufer erhält dann für den Bruchteil der ersten Zinsperiode dennoch den vollen Kupon. Der Ausgleich erfolgt über die Zahlung von so genannten Stückzinsen an den Verkäufer.

Definition: Der Realwert errechnet sich als Barwert des gegebenen zukünftigen Zahlungsstroms Z_1, Z_2, ..., Z_n bei dem am Markt herrschenden Realzinssatz i' zu

$$K_0' = \frac{Z_1}{(1+i')} + \frac{Z_2}{(1+i')^2} + ... + \frac{Z_n}{(1+i')^n}.$$
(8.1)

Definition: Der Kurs eines Zahlungsstroms Z_1, Z_2, ..., Z_n ist das Verhältnis des Realwertes K_0' zum Nominalwert K_0

$$C = \frac{K_0'}{K_0}.$$
(8.2)

Gilt $C = 1$, d.h. entspricht der Realwert dem Nennwert, so sagt man das Finanzprodukt notiert „zu pari". Ist der Realwert kleiner als der Nennwert, d.h. ist $C < 1$, notiert das Produkt „unter pari". Bei einem Realwert größer als dem Nennwert $C > 1$, wird das Finanzprodukt „über pari" gehandelt.

Steigen nun die Zinsen am Markt, d.h. die Realzinssätze, so wird der Realwert des Zahlungsstroms geringer und der Kurs fällt. Am besten kann man sich dieses wie in Beispiel 8.1 an Wertpapieren veranschaulichen. Kauft ein Anleger ein Wertpapier mit einem festen Nominalzinssatz und steigen die Marktzinsen, so würde der Anleger am Markt im Laufe der Zeit höhere Zinsen erzielen können als mit dem bereits gekauften Papier. Daher fällt der Kurs seines Wertpapiers.

Fallen die Zinsen, erhöht sich der Realwert des Zahlungsstroms und der Kurs steigt.

Fortführung von Beispiel 8.1: In Beispiel 8.1 bestand der zukünftige Zahlungsstrom aus den Zinszahlungen von $Z_1 = Z_2 = 600\,€$ in den ersten 2 Jahren und der Zahlung von $Z_3 = 10.600\,€$ am Ende des dritten Jahres. Dieses ergab beim Realzinssatz $i'=0{,}04$ einen Realwert von

$$\frac{600\,€}{1{,}04} + \frac{600\,€}{1{,}04^2} + \frac{10.600\,€}{1{,}04^3} = 10.555{,}02\,€$$

und einen Kurs von 105,55%. Das Wertpapier notiert „über pari". $\square$

Beispiel 8.2: Die Chaos KG ist in finanziellen Schwierigkeiten. Zur Sanierung möchte Sie bei der ABC-Bank einen Kredit mit einer 2-jährigen Laufzeit über 100.000 € aufnehmen. Der Realzinssatz am Kapitalmarkt für 2 Jahre beträgt zur Zeit des Kreditantrags 3% p.a. Aufgrund der sehr schlechten Kreditwürdigkeit der Chaos KG ist die Bank nur bereit, den Kredit zu einem Nominalzinssatz von 6,5% p.a. zu vergeben. Welchen Kurs hat der Kredit für die Bank?

Lösung: Die Chaos KG muss nach einem Jahr 6.500 €, nach 2 Jahren 106.500 € zahlen. Diese Zahlungen haben heute einen Barwert von

$$\frac{6.500 \ €}{1{,}03} + \frac{106.500 \ €}{1{,}03^2} = 106.697{,}14 \ €.$$

Dieses entspricht dem Realwert des Kredits. Die Bank überlässt der Chaos KG aber nur den Nennwert von 100.000 €. Der Kurs des Geschäfts beträgt demnach

$$C = \frac{106.697{,}14 \ €}{100.000 \ €} = 1{,}067.$$

Da der Kredit eigentlich einen Kurs von 106,7% hat, d.h. „über pari" notiert, die Bank aber nur 100% der Kreditsumme auszahlt, macht die Bank ein „gutes Geschäft". Dafür trägt sie allerdings auch das Risiko der Insolvenz der Chaos KG. Dieses Risiko lässt sie sich über einen höheren Nominalzinssatz, d.h. einen Risikoaufschlag auf den Realzinssatz, bezahlen. □

Bemerkung: Der Kurs eines beliebigen Zahlungsstroms kann also immer durch Abzinsen der zukünftigen Zahlungen mit dem Realzinssatz auf den Beginn der Verzinsung und Bezug auf den Nennwert K_0 ermittelt werden. Für einige spezielle Tilgungsprozesse (z.B. endfällige Schuld mit oder ohne Zinsansammlung, Ratentilgung, Annuitätentilgung) lassen sich geschlossene Formeln für den Kurs herleiten.[37] Uns reicht an dieser Stelle zu bemerken, dass das vorgestellte allgemeine Konzept für jeden Zahlungsstrom angewandt werden kann. Bei großen Anzahlen von Zahlungen, z.B. aufgrund langer Laufzeiten oder unterjähriger Zahlungsweise wird die Rechnung aufwändig. Man kann sich hier aber mit einem Tabellenkalkulationsprogramm wie z.B. Excel behelfen.

8.4 Rendite

Vom Nennwert abweichende Kurse spielen auf dem Finanzmarkt insbesondere dann eine Rolle, wenn Finanzprodukte bereits vor Ende der Laufzeit veräußert oder Verträge beendet werden. Dieses trifft insbesondere auf den Handel mit Wertpapieren zu. Eine weitere Anwendung stellen aber auch Kündigungen von Kreditvereinbarungen oder sonstigen Verträgen dar.

---

[37] S. z.B. *Martin*, 2003, S. 159, ff., *Köhler*, 1992, S. 224, ff., *Kobelt/Schulte*, 1999, S. 194 ff., *Renger*, 2003, S. 59 ff.

Wird ein Finanzprodukt vor Ende der Laufzeit veräußert oder ein Vertrag beendet, so hat sich im Laufe der Zeit die Marktsituation verändert. Insbesondere ist in den meisten Fällen, wie oben bereits erörtert, das Zinsniveau nicht mehr dasselbe wie zu Beginn der Laufzeit. Die Produkte müssen neu bewertet werden.

Der zukünftige Zahlungsstrom des Finanzprodukts ist bekannt. Bei einem Wertpapier besteht er z.B. aus den Kuponzahlungen während der Laufzeit und der Rückzahlung des Nennwertes am Ende der Laufzeit. Bei gegebenem Realzinssatz könnte so aus dem zukünftigen Zahlungsstrom des Finanzprodukts der Kurs berechnet werden. Gerade beim Handel mit Wertpapieren ist es aber so, dass oft nicht der, für ein gegebenes Wertpapier „faire" Realzinssatz bekannt sind, sondern nur der Kurs des Wertpapiers. Der zugehörige Realzinssatz, d.h. die tatsächliche oder effektive Verzinsung des eingesetzten Kapitals, muss dann aus dem Kurs ermittelt werden.

Gerade im Zusammenhang mit Wertpapieren wird beim Effektiv- oder Realzinssatz auch von der **Rendite** gesprochen.

Beispiel 8.3: Herr Sander interessiert sich für eine Unternehmensanleihe der Firma Blue Moon mit einer Restlaufzeit von einem Jahr. Die Anleihe trägt einen Nominalzinssatz von 4,5% p.a. Der Kurs der Anleihe wird mit 97,5% notiert. Welcher effektive Jahreszinssatz, d.h. welche Rendite, ergibt sich für Herrn Sander?

Lösung: Die Rendite ist unabhängig vom Nominalbetrag der gekauften Anleihe. Wir führen die Rechnung, wie bei der Kurs- und Renditerechnung meist üblich, für einen Betrag von 100 € durch. Herr Sander muss heute nur 97,5 € zahlen, bekommt aber nach einem Jahr 104,5 € (Nennwert plus Zinsen) zurück. Der eingezahlte Betrag muss dem Barwert der Rückzahlung beim geltenden Realzinssatz i' entsprechen, d.h.

$$\frac{104,5 \ €}{1+i'} = 97,5 \ € \quad \Leftrightarrow \quad 104,5 \ € = 97,5 \ € + 97,5 \ € \cdot i' \quad \Leftrightarrow \quad i' = \frac{104,5 \ € - 97,5 \ €}{97,5 \ €} = 0,0718.$$

Entscheidet sich Herr Sander für die Anleihe der Firma Blue Moon erhält er eine Rendite von 7,18% p.a. ☐

Unter den gegebenen Voraussetzungen einer einmaligen Auszahlung bei positiven Rückflüssen existiert zu jedem Kurs genau ein Realzinssatz i'[38], so dass

$$C = \frac{K_0'}{K_0} = \frac{\dfrac{Z_1}{(1+i')} + \dfrac{Z_2}{(1+i')^2} + ... + \dfrac{Z_n}{(1+i')^n}}{K_0} \tag{8.3}$$

gilt. Dieser Realzinssatz ist die Rendite des Zahlungsstroms Z_1, Z_2, ..., Z_n.

---

[38] S. *Martin*, 2003, S. 158, ff.

Die Rendite kann so bei gegebenem Zahlungsstrom und gegebenem Kurs durch Auflösen von (8.3) nach dem Realzinssatz i' ermittelt werden. Nicht immer ist dieses so einfach wie in Beispiel 8.3.

Wie bereits in Kapitel 5 „Investitionsrechnung" erörtert, existieren für polynomiale Gleichungen höherer als vierter Ordnung keine geschlossenen Lösungsformeln. Die Lösung kann aber analog zu der Bestimmung des inneren Zinssatzes in der Investitionsrechnung immer über Näherungsverfahren erfolgen.

Beispiel 8.4: Eine Anleihe der Sunny AG mit einem Nennwert von 100 €, einer Restlaufzeit von 5 Jahren und einem Nominalzinssatz von 8% p.a. notiert heute zu einem Kurs von 112,3%. Welche Rendite kann durch den Kauf der Anleihe erzielt werden?

Lösung: Für die Anleihe müssen heute 112,30 € bezahlt werden. Für die Rendite muss dann gelten

$$112{,}30 \ € = \frac{\dfrac{8\ €}{(1+i')} + \dfrac{8\ €}{(1+i')^2} + \dfrac{8\ €}{(1+i')^3} + \dfrac{8\ €}{(1+i')^4} + \dfrac{108\ €}{(1+i')^5}}{100\ €},$$

bzw.

$$\frac{\dfrac{8\ €}{(1+i')} + \dfrac{8\ €}{(1+i')^2} + \dfrac{8\ €}{(1+i')^3} + \dfrac{8\ €}{(1+i')^4} + \dfrac{108\ €}{(1+i')^5}}{100\ €} - 112{,}30\ € = 0.$$

Durch Einsetzen erhält man für i' = 0,05

$$\frac{\dfrac{8\ €}{(1+0{,}05)} + \dfrac{8\ €}{(1+0{,}05)^2} + \dfrac{8\ €}{(1+0{,}05)^3} + \dfrac{8\ €}{(1+0{,}05)^4} + \dfrac{108\ €}{(1+0{,}05)^5}}{100\ €} - 112{,}30\ € = 0{,}99\ €.$$

Für i' = 0,06 gilt bereits

$$\frac{\dfrac{8\ €}{(1+0{,}06)} + \dfrac{8\ €}{(1+0{,}06)^2} + \dfrac{8\ €}{(1+0{,}06)^3} + \dfrac{8\ €}{(1+0{,}06)^4} + \dfrac{108\ €}{(1+0{,}06)^5}}{100\ €} - 112{,}30\ € = -3{,}58\ €.$$

Die Rendite liegt also zwischen 5% p.a. und 6% p.a. Durch Intervallschachtelung bestimmt man die Rendite sukzessive zu 5,21% p.a. □

Mit der Vorstellung eines weiteren Finanzprodukts betrachten wir einen Spezialfall der Kurs- und Renditerechnung.

Definition: Eine **Nullkuponanleihe** (engl.: zero bond) ist ein Produkt, bei dem während der Laufzeit keine Zinszahlungen erfolgen. Am Ende der Laufzeit wird der Nominalbetrag zurückgezahlt.

Beispiel 8.5: Sie kaufen heute eine Nullkuponanleihe. Aus diesem Wertpapier erhalten Sie in 5 Jahren 1.000 €. Während der Laufzeit werden keine Zinsen gezahlt. Welchen Preis müssen Sie bezahlen, wenn Sie einen Realzinssatz von 4% p.a. ansetzen?

Lösung: Da während der Laufzeit keine Zinsen gezahlt werden, besteht der zukünftige Zahlungsstrom nur aus der Zahlung $Z_5 = 1.000$ € nach 5 Jahren. Demnach beträgt der Kurs

$$C = \frac{\dfrac{1.000\ \text{€}}{(1+0{,}04)^5}}{1.000\ \text{€}} = 0{,}821927.$$

Sie müssen demnach heute einen Preis von 821,93 € für den Zero Bond bezahlen.   □

Fortführung von Beispiel 8.5: Der Kurs der in Beispiel 8.5 betrachteten Nullkuponanleihe werde am Markt aber zu 87,4% notiert. Wie hoch ist Ihre Rendite?

Lösung: Es ist nach der Rendite aufzulösen:

$$\frac{\dfrac{1.000\ \text{€}}{(1+i')^5}}{1.000\ \text{€}} = 0{,}874 \quad \Leftrightarrow \quad (1+i')^5 = \frac{1}{0{,}874} \quad \Leftrightarrow \quad i' = \sqrt[5]{\frac{1}{0{,}874}} - 1 = 0{,}0273.$$

Da Sie einen höheren Preis als in Beispiel 8.5 bezahlen müssen, ist Ihre jetzige Rendite aus dem Kauf des Wertpapiers zu 87,4% mit 2,73% p.a. auch geringer als die Rendite von 4% p.a., die bei einem Kurs von 82,19% erzielt worden wäre.   □

Allgemein erzielt man also bei einer Nullkuponanleihe, bei der nach einer Laufzeit von n Jahren der Nennwert K_0 ausbezahlt wird und die zum Zeitpunkt des Kaufs einen Kurs C hat, die Rendite

$$\frac{\dfrac{K_0}{(1+i')^n}}{K_0} = C \quad \Leftrightarrow \quad (1+i')^n = \frac{1}{C} \quad \Leftrightarrow \quad i' = \sqrt[n]{\frac{1}{C}} - 1. \tag{8.4}$$

8.5　Partnerinterview

1. A: Definieren Sie den Nominal- und den Realzinssatz und erklären Sie den Unterschied!

    B: Nennen Sie Gründe für voneinander abweichende Nominal- und Realzinssätze!

2. A: Was versteht man unter dem Kurs (z.B. eines Wertpapiers)?

    B: Wie verhält sich der Kurs eines Wertpapiers, wenn der Realzinssatz zunimmt (bzw. abnimmt)?

3. A: Was versteht man unter der Rendite?

    B: Wie kann die Rendite immer berechnet werden? Nennen Sie ein Beispiel!

4. A: Was ist eine Nullkuponanleihe? Bestimmen Sie die Rendite einer Nullkuponanleihe bei bekanntem Kurs! Geben Sie ein Beispiel!

    B: Bestimmen Sie den Kurs einer Nullkuponanleihe bei bekanntem Realzinssatz! Geben Sie ein Beispiel!

8.6　Übungen

1. Sie haben vor 6 Jahren ein Wertpapier mit einem Nominalbetrag von 5.000 €, einer 10-jährigen Laufzeit und einem Nominalzinssatz von 7,5% p.a. gekauft. Sie wollen das Papier, das heute eine Restlaufzeit von genau 4 Jahren besitzt, verkaufen. Der Zinssatz für 4-jährige vergleichbare Wertpapiere liegt inzwischen bei 3,5% p.a. Stellen Sie den Zahlungsstrom des Wertpapiers dar! Welchen Preis können Sie verlangen?

2. Ein Freund von Ihnen braucht dringend Geld und möchte Ihnen ein Wertpapier mit einer Restlaufzeit von zwei Jahren und einem Nominalzinssatz von 10% p.a. zu einem Kurs von 90% verkaufen. Welche Rendite erzielen Sie?

3. Sie kaufen eine Nullkuponanleihe, bei der Sie in 3 Jahren 10.000 € erhalten.

    a) Sie wollen eine Rendite von 4,3% p.a. erzielen. Welchen Preis darf die Anleihe haben?

    b) Die Anleihe wird zum Kurs von 84% angeboten. Welche Rendite erzielen Sie?

9 Zinsderivate

9.1 Lernziele

Dieses Kapitel dient als Einführung in die Funktionsweise und Ziele moderner Zinsderivate. Nach Bearbeitung des Kapitels sollte der Leser in der Lage sein,

- Chancen und Risiken variabel verzinslicher Wertpapiere zu benennen,

- die Zielsetzung einer Zinsbegrenzung zu verstehen,

- zu erklären, wie eine Cap- bzw. Floor-Anleihe gestaltet ist,

- zu erläutern, in welcher Weise ein Cap bzw. ein Floor als Einzelgeschäft wirken,

- zu entscheiden, in welchen Situationen ein Cap bzw. ein Floor gekauft werden,

- zu verstehen, dass die Zinsbegrenzung ein einseitiges Recht ist, das den Käufer die Zahlung einer Prämie kostet,

- zu erläutern, welche Faktoren die Prämien von Caps und Floors in welcher Weise beeinflussen,

- die Rolle des Stillhalters eines Zinsbegrenzungsvertrags zu definieren,

- die Funktionsweise weiterer Zinsderivate (Collar, Forward Rate Agreement, Swap) zu erklären,

- eine allgemeine Einteilung von Derivaten vorzunehmen,

- Zinsderivate bezüglich der allgemeinen Einteilung von Derivaten zu klassifizieren,

- die Motive von Hedging und Spekulation für Derivate zu unterscheiden und für verschiedene Zinsderivate Beispiele für ihren Einsatz anzugeben.

9.2 Wiederholung

In Kapitel 1 „Zinsfinanzinstrumente" haben wir uns bereits mit unterschiedlichen Kredit- und Anlageformen beschäftigt. Ein Unterscheidungsmerkmal bei der Anlage in Form von Wertpapieren oder der Aufnahme von Geld war diejenige nach der Art der Verzinsung. Zwischen Käufer und Verkäufer eines Finanzprodukts kann einerseits ein fester Zinssatz verhandelt werden, der während der Laufzeit konstant ist und am Ende jeder Zinsperiode zur Berechnung herangezogen wird. Andererseits kann man sich auch auf eine variable Verzinsung einigen, bei der sich der Zinssatz im Zeitverlauf ändert.

Beispiel 9.1: Sie kaufen ein Wertpapier mit einem Nominalbetrag von 10.000 €, einer Laufzeit von 5 Jahren und einem Zinssatz von 5% p.a., der nachschüssig gezahlt wird. Sie bekommen also jeweils am Ende eines Jahres 500 € Zinsen ausbezahlt. Sinkt jetzt durch Zinsschwankungen das Marktniveau für vergleichbare Wertpapiere mit gleicher Restlaufzeit z.B. auf 4% p.a., so profitieren Sie von der Vereinbarung eines festen Zinssatzes. Sie erhalten weiterhin 500 € aus Ihrem Wertpapier, während Sie bei einer vergleichbaren Anlage zum aktuellen Zinsniveau nur 400 € erhalten würden. Erhöht sich allerdings das allgemeine Zinsniveau auf 6% p.a., so erweist sich Ihr fester Zinssatz als nachteilig. Sie bekommen weiterhin nur 500 €, hätten aber bei einer Anlage zum aktuellen Zinssatz 600 € erhalten können.[39]

Vielleicht möchten Sie dieses Zinsrisiko umgehen. Statt ein festverzinsliches Wertpapier zu kaufen, kaufen Sie nun ein variabel verzinsliches Wertpapier, einen Floater. Sie entscheiden sich für einen Floater des SunnyTime-Konzerns mit einem Nominalbetrag von 10.000 €, für den eine jährliche Zinszahlung in Höhe des 12-Monats-Euribors zuzüglich 50 Basispunkten erfolgt. Die Laufzeit des Floater beträgt 5 Jahre. Der Zinsfestsetzungstermin liegt jeweils am 1.9. eines Jahres. Es wird die 30/360-Zinstagemethode verwendet.

In der Folge kommt es nun natürlich darauf an, wie sich der 12-Monats-Euribor entwickelt. Wir betrachten einmal ein historisches Beispiel. Nehmen wir an, Sie haben Ihren Floater am 1.9.1999 gekauft, so lässt sich die Zinsentwicklung an den Zinsfestsetzungsterminen während der 5-jährigen Laufzeit an Abbildung 9-1 ablesen:

---

[39] Diese Thematik haben wir auch im Kapitel 8 „Kurs- und Renditerechnung" diskutiert. Bei einem vorzeitigen Verkauf eines Wertpapiers ändert sich mit den Zinssätzen auch der Kurs des Wertpapiers. Wir wollen hier den Fokus darauf legen, dass das Wertpapier bis zum Ende der Laufzeit gehalten wird, und nur das Zinsrisiko betrachten.

Abbildung 9-1:   *12-Monats-Euribor September 1999 bis September 2003*

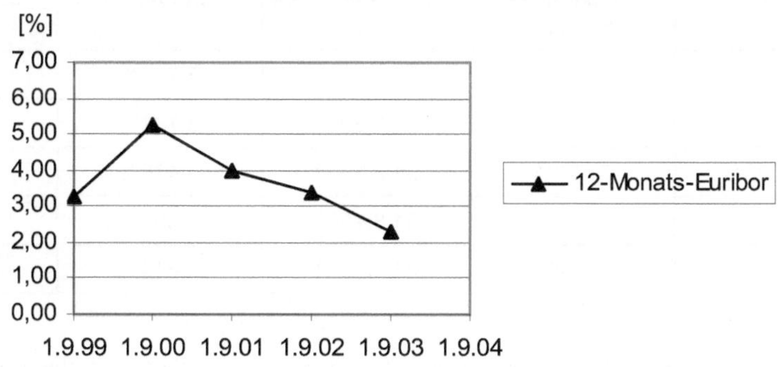

Die Zinszahlung erfolgt, wie bei festverzinslichen Wertpapieren auch, meist nachschüssig. Es wird der Zinssatz verwendet, der am Anfang der Zinsperiode am Zinsfestsetzungstermin fixiert wurde. Der Referenzzinssatz wird standardmäßig 2 Bankarbeitstage vor Beginn der Zinsperiode fixiert. Wir werden in diesem Kapitel aber zur besseren Lesbarkeit der Beschreibungen und Tabellen den Zinsfestsetzungstermin und den Beginn der Zinsperiode auf einen Termin fallen lassen. [40]

Auch das Datum der Zinszahlung variiert abhängig davon, ob der 31.8. eines Jahres ein Bankarbeitstag ist oder nicht. Hier existieren unterschiedliche Vorgehensweisen zur Bestimmung des Zinszahlungstermins. Wie schon an früherer Stelle erläutert, ignorieren wir diese technischen Details und gehen immer davon aus, dass der Zinszahlungstermin auf den letzten Tag der Zinsperiode fällt, in diesem Fall auf den 31.8. jeden Jahres.

Tabelle 9-1 führt noch einmal den 12-Monats-Euribor an den Zinsfestsetzungsterminen sowie die daraus resultierenden Zahlungen auf:

---

[40] Liegt die Zinsperiode etwa vom 1.9. eines Jahres bis zum 31.8. des Folgejahres, würde das eigentliche Fixing des Referenzzinssatzes z.B. am 30.8. des jetzigen Jahres stattfinden. Wir werden stattdessen den Zinssatz des 1.9. verwenden. Zusätzlich vernachlässigen wir die Tatsache, dass ein Zinssatz an einem Wochenende oder Feiertag nicht fixiert werden kann. Für die Beispiele wurden historische Daten verwendet. Fällt der Beginn der Zinsperiode auf einen Nichtbankarbeitstag, wird der Zinssatz des folgenden Bankarbeitstags ausgewiesen.

Tabelle 9-1:   *12-Monats-Euribor und Zinszahlungen (Beispiel 9.1)*

Datum	12-Monats-Euribor	Datum der Zinszahlung	Zinssatz	Zinszahlung
1.9.1999	3,284%	31.8.2000	3,784%	378,40 €
1.9.2000	5,261%	31.8.2001	5,761%	576,10 €
1.9.2001	3,976%	31.8.2002	4,476%	447,60 €
1.9.2002	3,365%	31.8.2003	3,865%	386,50 €
1.9.2003	2,314%	31.8.2004	2,814%	281,40 €

Durch die Zinszahlung am Ende der Zinsperiode verschiebt sich die Zinskurve der gezahlten Zinsen zeitlich gegenüber der Euribor-Kurve nach rechts. Da die Ausstattung des Floater als Zinssatz den 12-Monats-Euribor zuzüglich 50 Basispunkten vorsieht, verschiebt sich die Kurve der gezahlten Zinsen entsprechend um 50 Basispunkte nach oben. Die folgende Grafik veranschaulicht diesen Zusammenhang.

Abbildung 9-2:   *12-Monats-Euribor und gezahlter Zinssatz (Beispiel 9.1)*

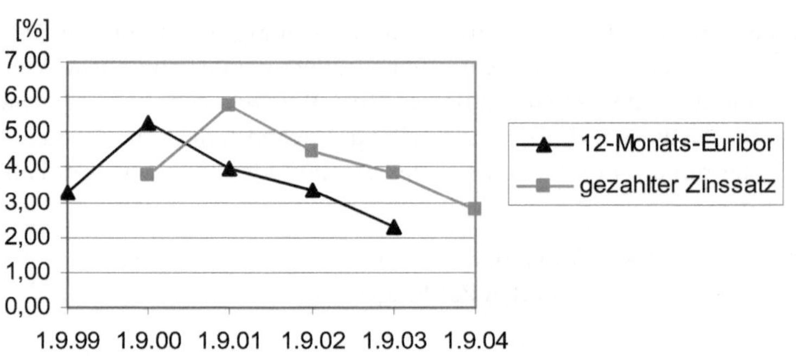

Durch die Wahl eines variabel verzinslichen Wertpapiers profitieren Sie von Zinserhöhungen. Fällt der Referenzzinssatz, so nehmen Sie allerdings, wie bei dem betrachteten Beispiel, auch an dieser Zinsentwicklung teil und bekommen geringere Zinsen aus Ihrem Wertpapier ausgezahlt. Eventuell nehmen Sie dieses Risiko zum Teil in Kauf. Vielleicht haben Sie sich aber einen gewissen Mindestzinssatz, z.B. von mindestens 3,5% p.a., für Ihre Anlage erhofft.

Versetzen Sie sich einmal in die Lage des Emittenten Ihres Wertpapiers, den SunnyTime-Konzern. Für ihn ist die Situation gerade umgekehrt. Fallen die Zinsen und somit auch der 12-Monats-Euribor, ist dieses für den Emittenten günstig, da er nicht so hohe Zinsen zahlen muss. Steigt der 12-Monats-Euribor aber, so muss der Emittent entsprechend höhere Zinsen zahlen. Er könnte sich einen Höchstzinssatz wünschen, der eine Obergrenze für die von ihm zu zahlenden Zinsen darstellt.

Es ist das Ziel von Zinsbegrenzungsverträgen, diese unterschiedlichen Wünsche nach Mindest- und Höchstzinssätzen zu befriedigen. □

9.3 Zinsbegrenzungsverträge

9.3.1 Floor-Floater und Cap-Floater

Bei Floor-Floatern und Cap-Floatern ist die Zinsbegrenzung bereits im Wertpapier integriert. Floor-Floater begrenzen den Zinssatz nach unten, sie garantieren dem Anleger einen Mindestzinssatz. Cap-Floater begrenzen den Zinssatz nach oben, sie garantieren dem Schuldner einen Höchstzinssatz.

Beispiel 9.2 (Fortführung von Beispiel 9.1): Betrachten wir noch einmal das in der Wiederholung aufgeführte Beispiel.

Wenn Sie am 1.9.1999 einen 5-jährigen Floater gekauft haben, konnten Sie natürlich die Zinsentwicklung in den folgenden Jahren nicht vorhersehen. Vielleicht waren Sie sich sehr sicher, dass die Zinsen steigen würden und haben sich deshalb für den Floater entschieden.

Vielleicht waren Sie sich aber nicht so sicher. Sie wollten zwar an den Zinserhöhungen teilnehmen, wünschten sich aber für Ihre 10.000 € eine Mindestverzinsung von 3,5% p.a. Sie waren bereit, „nach unten" Schwankungen des Zinssatzes bis 3,5% p.a. in Kauf zu nehmen.

Um diese Vorstellungen zu erfüllen, haben Sie eine Anleihe mit einer Floor-Komponente, d.h. einer garantierten Mindestverzinsung gekauft. Man spricht hierbei auch von einem **Floor-Floater** oder einer **Floor-Anleihe**. Die Bezeichnung Floor (engl.: Boden) drückt aus, dass der Zinssatz unter einen gewissen Wert, den „Boden", nicht sinken kann. Der Floor-Zinssatz stellt die Mindestverzinsung dar.

Aufgrund Ihrer Ziele, haben Sie eine Anleihe mit einem Mindestzinssatz von 3,5% p.a. gewählt. In der Folge wurde Ihnen dann jedes Mal, wenn der 12-Monats-Euribor zuzüglich den im Wertpapier gezahlten 50 Basispunkten kleiner als 3,5% p.a. blieb, die Mindestverzinsung von 3,5% p.a. gewährt.

Ihre Zinszahlungen wären in diesem Fall also die folgenden gewesen:

Tabelle 9-2:   *Zinszahlungen beim Floor-Floater (Mindestzinssatz: 3,5% p.a.)*

Datum	12-Monats-Euribor	Datum der Zinszahlung	Zinssatz	Zinszahlung
1.9.1999	3,284%	31.8.2000	3,784%	378,40 €
1.9.2000	5,261%	31.8.2001	5,761%	576,10 €
1.9.2001	3,976%	31.8.2002	4,476%	447,60 €
1.9.2002	3,365%	31.8.2003	3,865%	386,50 €
1.9.2003	2,314%	31.8.2004	3,500%	350,00 €

In der letzten Zinsperiode hätte der Nominalzinssatz des „ungefloorten" Floater (12-Monats-Euribor + 50 Basispunkte) 2,814% p.a. betragen. In dem Floater, der mit dem Floor ausgestattet ist, bekommen Sie aber die Mindestverzinsung von 3,5% p.a.

Abbildung 9-3:   *Gezahlte Zinssätze beim Floor-Floater (Mindestzinssatz: 3,5% p.a.)*

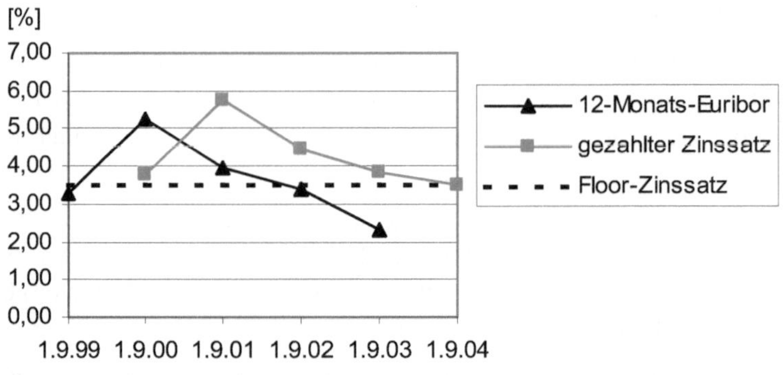

Durch den Kauf eines Floor partizipieren Sie an den steigenden Zinsen, haben aber die Sicherheit eines Mindestzinssatzes. Diese Sicherheit, einen Mindestzinssatz ausgezahlt zu bekommen, kostet Sie allerdings einen Preis. Die Kosten könnten in Form einer einmaligen Zahlung an den Emittenten erfolgen. Bei Anleihen mit integrierten Floor-Komponenten wird allerdings meist eine andere Vorgehensweise gewählt. Die Kosten für den im Wertpapier enthaltenen Mindestzinssatz werden üblicherweise durch eine geringere Grundverzinsung verrechnet. In diesem Fall könnte dieses so aussehen, dass

Sie statt des 12-Monats-Euribor + 50 Basispunkte nur noch den 12-Monats-Euribor + 45 Basispunkte als Grundverzinsung erlangen. □

Beispiel 9.3 (Fortführung von Beispiel 9.1): Betrachten Sie nun umgekehrt den Emittenten des Wertpapiers. Er erhofft sich fallende Zinsen, so dass seine zu leistenden Zinszahlungen nicht so hoch sind. Er ist bereit, steigende Zinsen in Kauf zu nehmen, möchte aber höchstens einen Zinssatz von 4% p.a. zahlen.

Er kann nun eine Cap-Anleihe emittieren. Der Begriff „Cap" (engl.: Deckel) zeigt an, dass der zu zahlende Zinssatz nach oben durch einen „Deckel" beschränkt ist. Der Emittent habe also eine Anleihe begeben, die den 12-Monats-Euribor + 50 Basispunkte zahlt, solange dieser Zinssatz kleiner als 4% p.a. bleibt. Steigt der so errechnete Zinssatz über 4% p.a., zahlt der Emittent dem Gläubiger nur den Höchstzinssatz von 4% p.a. Die Anleihe hat wiederum eine Laufzeit vom 1.9.1999 bis zum 31.8.2004.

Tabelle 9-3 und Abbildung 9-4 stellen die Zinsleistungen des Emittenten dar. Die absolute Zinszahlung in Tabelle 9-3 ist wieder auf einen Nominalbetrag von 10.000 € bezogen.

Tabelle 9-3:   *Zinszahlungen beim Cap-Floater (Höchstzinssatz: 4% p.a.)*

Datum	12-Monats-Euribor	Datum der Zinszahlung	Zinssatz	Zinszahlung
1.9.1999	3,284%	31.8.2000	3,784%	378,40 €
1.9.2000	5,261%	31.8.2001	4,000%	400,00 €
1.9.2001	3,976%	31.8.2002	4,000%	400,00 €
1.9.2002	3,365%	31.8.2003	3,865%	386,50 €
1.9.2003	2,314%	31.8.2004	2,814%	281,40 €

Im Floater ohne Cap-Komponente wäre am 31.8.2001 eine Zinszahlung von 5,761% p.a. fällig. Hier greift der Cap des Floater, der eine Zinsobergrenze von 4% p.a. garantiert. Auch eine Periode später wird nur der Höchstzinssatz von 4% p.a. gezahlt, im Floater ohne Cap wäre ein Zinssatz von 4,476% p.a. zur Geltung gekommen.

Auch hier kostet die Vereinbarung eines Höchstzinssatzes den Emittenten des Wertpapiers einen Preis. Theoretisch wäre es möglich, dass er diesen Preis an den Käufer des Wertpapiers zahlt. Es ist aber nicht üblich, dass Emittenten von Wertpapieren zunächst Ausgleichszahlungen an die Käufer der Papiere zahlen. Damit das Wertpapier dennoch gekauft wird, obwohl es im Falle steigender Zinsen durch die Cap-Komponente geringere Zinsen als ein „ungecappter" Floater erbringt, muss der Emittent die Anleihe für den Käufer in anderer Hinsicht attraktiv machen. Er wird dieses z.B. durch eine höhere Grundverzinsung versuchen. Im Beispiel könnte der Verkäufer z.B. den 12-Monats-Euribor + 60 Basispunkte bieten, solange dieser Zinssatz die Zinsobergrenze von 4% p.a. nicht überschreitet.

Abbildung 9-4:   *Gezahlte Zinssätze beim Cap-Floater (Höchstzinssatz: 4% p.a.)*

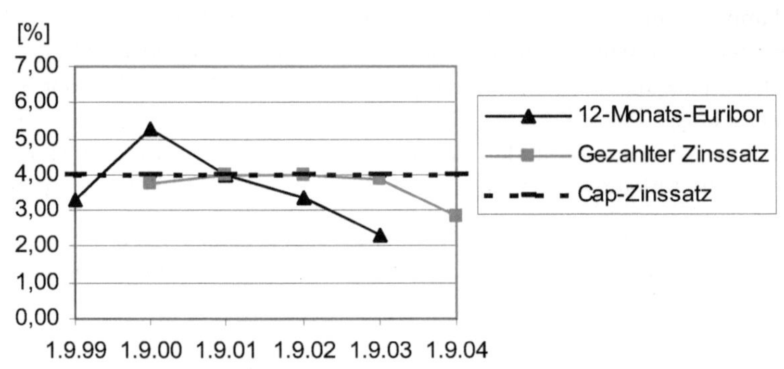

9.3.2   Floor

Die Komponente des Vertrags, die beim Floor-Floater zu einem Mindestzinssatz führt, lässt sich als **Floor** auch als eigenständiges Produkt kaufen. Somit ist es für den Anleger möglich, jedes variabel verzinsliche Wertpapier mit einem Mindestzinssatz auszustatten. Das eigentliche Wertpapier und der Floor, der den Mindestzinssatz garantiert, können von unterschiedlichen Kontrahenten erworben werden.

Definition: Ein **Floor** ist ein Vertrag zwischen zwei Parteien, der dem Käufer des Floor das Recht einbringt, dann eine Ausgleichszahlung vom Verkäufer zu verlangen, wenn ein **Referenzzinssatz** an einem Zinsfestsetzungstermin eine bestimmte **Zinsuntergrenze** (genannt: **Strike** oder **Floor-Zinssatz**) unterschreitet. Die Ausgleichszahlung wird für die Zinsperiode, für die die Unterschreitung stattgefunden hat, auf ein ausgemachtes Volumen gezahlt. Für die Gewährung dieses Rechts erhält der Verkäufer eine **Prämie**.

Unterschreitet der Referenzzinssatz am Zinsfestsetzungstermin die Zinsuntergrenze, erhält der Käufer des Floor eine Ausgleichszahlung in Höhe von

$$(\text{Floor-Zinssatz} - \text{Referenzzinssatz}) \cdot \frac{\text{Tage}}{360} \cdot \text{Volumen} . \qquad (9.1)$$

Die Berechnung der Tage richtet sich nach der Zinstagemethode des Referenzzinssatzes. Bei Verwendung des Euribors als Referenzzinssatz wird z.B. standardmäßig die act/360-Zinstagemethode zur Berechnung der Zinstage verwendet. Andere Zinstagemethoden können zwischen den Vertragspartnern aber verhandelt werden. Der Faktor Tage/360 ist bei der Verwendung einer anderen Zinstagemethode in der Berechnung der Ausgleichszahlung entsprechend zu ersetzen.

Beispiel 9.4: Sie kaufen am 1.3.2008 von der ABC-Bank einen Floor mit einer Laufzeit von 4 Jahren, der dann eine Ausgleichszahlung erbringt, wenn der 6-Monats-Euribor (Referenzzinssatz) am 1.3. oder am 1.9. (Zinsfestsetzungstermine) die Zinsuntergrenze von 3% p.a. (Strike) unterschreitet. Das Volumen, das dem Floor zugrunde liegt, soll 100.000 € betragen.

Vom 1.3. bis zum 31.8. eines Jahres sind es 184 Tage. Liegt der 6-Monats-Euribor am 1.3.2009 z.B. bei 2,5% p.a.[41] erhalten Sie

$$(0{,}03 - 0{,}025) \cdot \frac{184}{360} \cdot 100.000 \ \text{€} = 255{,}56 \ \text{€} .$$

Diese Zahlung erfolgt am Ende der Zinsperiode, d.h. am 31.8.2009.[42]

Liegt der 6-Monats-Euribor am 1.3.2009 aber bei 3,5% p.a., erhalten Sie keine Ausgleichszahlung. Ihr Recht auf eine Ausgleichszahlung bei Unterschreitung der 3% p.a. verfällt für die Zinsperiode vom 1.3. bis zum 31.8.2009 wertlos. □

Bemerkung: Der erhaltene Ausgleich lässt sich auch über die reinen Zinssätze formulieren. Unterschreitet der Referenzzinssatz am Zinsfestsetzungstermin die Zinsuntergrenze, erhält der Käufer des Floor einen Ausgleichszinssatz in Höhe der Differenz von Floor-Zinssatz und Referenzzinssatz.

Fortführung von Beispiel 9.4: Liegt der 6-Monats-Euribor am 1.3.2009 z.B. bei 2,5% p.a., so erhalten Sie als Käufer des Floor einen Ausgleichszinssatz von 3% p.a. abzüglich 2,5% p.a., d.h. 0,5% p.a. Wenn Sie diesen Zinssatz auf die Zinsperiode und das ausgemachte Volumen anrechnen, erhalten Sie wieder den Wert Ihrer Ausgleichszahlung in Höhe von 255,56 €. □

---

[41] Bei Erscheinen des Buches waren die Zinssätze in der betrachteten Zeit noch nicht bekannt. Es liegen fiktive Daten vor.

[42] In der Praxis wird die Ausgleichszahlung in den meisten Fällen abgezinst und zu Beginn der Zinsperiode entrichtet.

Für das Recht bei Unterschreitung des Floor-Zinssatzes vom Verkäufer des Floor eine Ausgleichszahlung zu empfangen, muss der Käufer eine **Prämie**, d.h. einen Preis, zahlen. Der Preis wird in Basispunkten bemessen und auf den Nominalbetrag angerechnet. Er wird meist „upfront", d.h. zu Beginn der Laufzeit (s. Abschnitt „Prämien von Floor und Cap") gezahlt.

Fortführung von Beispiel 9.4: Liegt der Preis für den 4-jährigen Floor mit Strike 3% p.a. zur Zeit bei 90 Basispunkten, so zahlen Sie zu Beginn der Laufzeit

$$0{,}9\% \cdot 100.000 \ \text{€} = 900 \ \text{€} \ . \hspace{4cm} \square$$

Der Käufer hat sich dann für die gesamte Laufzeit des Floor einen Mindestzinssatz gesichert. In manchen Zinsperioden kann es zu Unterschreitungen des Mindestzinssatzes kommen und der Käufer erhält eine Ausgleichszahlung. In anderen Zinsperioden verfällt der Floor eventuell wertlos. Ein Floor besteht so aus einem **Bündel** von Rechten während der einzelnen Zinsperioden. Für das einzelne Recht während einer Zinsperiode spricht man auch von einem **Floorlet**.

Beispiel 9.5 (Fortführung von Beispiel 9.2): Wir nehmen das obige Beispiel wieder auf, in dem Sie sich bei einem 5-jährigen Wertpapier mit jährlicher Zinszahlung einen Mindestzinssatz von 3,5% p.a. sichern wollen. Sie entscheiden sich am 1.9.1999 für einen Floater mit einem Nominalbetrag von 10.000 € des SunnyTime-Konzerns. SunnyTime emittiert aber keine Floor-Anleihen. Die Zinszahlung erfolgt jährlich ohne Zinsbegrenzung in Höhe des 12-Monats-Euribors zuzüglich 50 Basispunkten. Zinsfestsetzungstermin ist jeweils am 1.9. eines Jahres. Es wird die 30/360-Methode verwendet.

Abbildung 9-5:   *Zahlungen beim Kauf eines Floater und eines zusätzlichen Floor*

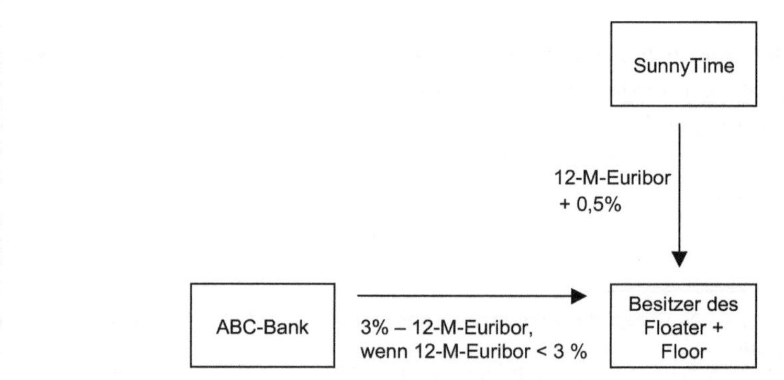

Da SunnyTime keine Floor-Floater begibt, muss die Sicherung des Mindestzinssatzes über ein zusätzliches Geschäft erfolgen. Sie kaufen daher bei der ABC-Bank einen Floor, der genau „zu Ihrer Anleihe passt", d.h. Sie wählen einen Floor mit 5-jähriger Laufzeit und einem Volumen von 10.000 € sowie einem Strike von 3% p.a. Dieser erbringt dann eine Ausgleichszahlung, wenn der 12-Monats-Euribor unter 3% p.a. fällt. Da der Emittent des Floater den 12-Monats-Euribor zuzüglich 50 Basispunkte zahlt, haben Sie sich so einen Mindestzinssatz von 3,5% p.a. gesichert.

Abbildung 9-5 veranschaulicht diese Zusammenhänge schematisch. Für die historischen Daten des Beispiels zeigt Tabelle 9-4 die Zinssätze, die Sie vom Emittenten SunnyTime sowie von der ABC-Bank, dem Verkäufer Ihres Floor, erhalten:

Tabelle 9-4: *Zinszahlungen beim Kauf eines Floater und eines zusätzlichen Floor*

Datum	12-Monats-Euribor	Datum der Zinszahlung	Vom Emittenten empfangener Zinssatz	Von der Bank erhaltener Zinssatz	Resultierender Zinssatz
1.9.1999	3,284%	31.8.2000	3,784%	-	3,784%
1.9.2000	5,261%	31.8.2001	5,761%	-	5,761%
3.9.2001	3,976%	30.8.2002	4,476%	-	4,476%
2.9.2002	3,365%	29.8.2003	3,865%	-	3,865%
1.9.2003	2,314%	31.8.2004	2,814%	0,686%	3,500%

In der letzten Zinsperiode erhalten Sie vom Emittenten des Floater nur 2,814% p.a., aus dem zusätzlich abgeschlossenen Floor mit der Bank aber 3% p.a abzüglich 2,314% p.a., d.h. 0,686% p.a. Zusammen ergibt sich für Sie also wie erwünscht eine Zinszahlung von 3,5% p.a. □

9.3.3 Cap

Durch den Abschluss eines Cap lässt sich ein Höchstzinssatz auch über ein eigenständiges, vom Floater losgelöstes Produkt erzielen. Somit ist es für den Emittenten möglich, für jede variabel verzinsliche Anleihe einen Höchstzinssatz zu definieren. Er kann dieses unabhängig von der Nachfrage für Cap-Floater erreichen. Den Cap kann er zu diesem Zweck mit einem anderen Vertragspartner abschließen.

Definition: Ein **Cap** ist ein Vertrag, der dem Käufer das Recht einbringt, dann eine **Ausgleichszahlung** vom Verkäufer zu verlangen, wenn ein **Referenzzinssatz** an einem Zinsfestsetzungstermin eine bestimmte **Zinsobergrenze** (**Strike** oder **Cap-**

Zinssatz) überschreitet. Die Ausgleichszahlung wird für die Zinsperiode, an deren Beginn die Überschreitung stattgefunden hat, auf ein ausgemachtes Volumen gezahlt. Für die Gewährung dieses Rechts erhält der Verkäufer eine **Prämie**.

Überschreitet der Referenzzinssatz am Zinsfestsetzungstermin die Zinsobergrenze, erhält der Käufer des *Cap* eine Ausgleichszahlung in Höhe von

$$(\text{Referenzzinssatz} - \text{Cap-Zinssatz}) \cdot \frac{\text{Tage}}{360} \cdot \text{Volumen} \,. \tag{9.2}$$

Die Berechnung der Tage richtet sich wiederum nach der Zinstagemethode des Referenzzinssatzes bzw. der individuellen Vereinbarung der Vertragspartner. Der Faktor Tage/360 ist der verwendeten Zinstagemethode anzupassen.

Der Käufer erhält also einen Ausgleichszinssatz in Höhe der Differenz aus Referenzzinssatz und Cap-Zinssatz. Der Ausgleichszinssatz wird auf die Zinsperiode und das zugrunde liegende Volumen angerechnet.

Beispiel 9.6 (Fortführung von Beispiel 9.4): Sie kaufen am 1.3.2008 von der ABC-Bank einen Cap, der dann eine Ausgleichszahlung erbringt, wenn der 6-Monats-Euribor am 1.3. oder am 1.9. die Zinsobergrenze von 5% p.a. überschreitet. Das Volumen, das dem Cap zugrunde liegt, soll 100.000 € betragen.

Liegt der 6-Monats-Euribor am 1.3.2009 bei 5,5% p.a. erhalten Sie eine Ausgleichszahlung von 0,5% p.a., d.h.

$$(0,055 - 0,05) \cdot \frac{184}{360} \cdot 100.000 \ \text{€} = 255,56 \ \text{€} \,.$$

Diese Zahlung erfolgt am 31.8.2009.

Liegt der 6-Monats-Euribor allerdings am 1.3.2009 bei 4,5% p.a., verfällt der Cap für die Zinsperiode vom 1.3. bis zum 31.8.2009 wertlos. □

Auch ein Cap besteht aus einem **Bündel** von Rechten in den verschiedenen Zinsperioden. Für das einzelne Recht während einer Zinsperiode spricht man auch von einem **Caplet**.

Beispiel 9.7 (Fortführung von Beispiel 9.1): Im obigen Beispiel versetzen wir uns nun wieder in die Lage des Emittenten des 5-jährigen Floater, den SunnyTime-Konzern. Er möchte einen maximalen Zinssatz von 4% p.a. leisten. Bei den potentiellen Käufern seiner Wertpapiere sieht er aber keinen Bedarf für Floater, die mit einem Höchstzinssatz ausgestattet sind. Er emittiert den Floater daher ohne Cap-Komponente mit einer jährlichen Zinsleistung in Höhe des 12-Monats-Euribors + 50 Basispunkte. Zinsfestsetzungstermin ist wieder der 1.9. eines jeden Jahres.

Die Sicherung des Höchstzinssatzes erfolgt nun über einen zusätzlichen Vertrag. Der Emittent kauft bei der ABC-Bank einen Cap, der „zu seiner Anleihe passt". Er wählt einen Cap mit 5-jähriger Laufzeit, der dann eine Ausgleichszahlung erbringt, wenn der 12-Monats-Euribor über 3,5% p.a. steigt. Da er jeweils den 12-Monats-Euribor + 50 Basispunkte zu zahlen hat, hat er sich so einen maximalen Zinssatz von 4% p.a. gesichert. In Abbildung 9-6 werden die Zusammenhänge noch einmal schematisch dargestellt.

Abbildung 9-6: *Zahlungen beim Verkauf eines Floater und eines zusätzlichen Cap*

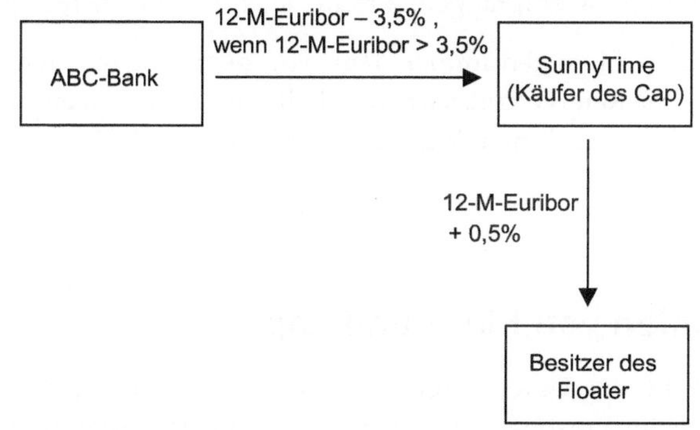

Tabelle 9-5 zeigt für die historischen Daten des Beispiels die zu zahlenden und aus dem Cap erhaltenen Zinssätze.

Tabelle 9-5: *Zinszahlungen beim Verkauf eines Floater und Kauf eines zusätzlichen Cap*

Datum	12-Monats-Euribor	Datum der Zinszahlung	An Käufer zu zahlender Zinssatz	Von der Bank erhaltener Zinssatz	Resultie-render Zinssatz
1.9.1999	3,284%	31.8.2000	3,784%	-	3,784%
1.9.2000	5,261%	31.8.2001	5,761%	1,761%	4,000%
1.9.2001	3,976%	31.8.2002	4,476%	0,476%	4,000%
1.9.2002	3,365%	31.8.2003	3,865%	-	3,865%
1.9.2003	2,314%	31.8.2004	2,814%	-	2,814%

9.3.4   Die Rolle des Stillhalters

Die vorgestellten Zinsbegrenzungsverträge gewähren dem Käufer das Recht, bei Unterschreitung oder Überschreitung eines gewissen Zinssatzes eine Ausgleichszahlung zu empfangen. Dieses Recht ist einseitig, es ist allein auf den Käufer beschränkt. Nimmt der Käufer sein Recht in Anspruch, muss der Verkäufer des Zinsbegrenzungsvertrags die geforderte Ausgleichszahlung leisten. Man bezeichnet ihn auch als **Stillhalter**.

Für sein Versprechen bei Unter- oder Überschreitung der Zinsgrenzen Ausgleichszahlungen zu erbringen, bekommt der Stillhalter eine **Prämie** (s. Abschnitt „Prämien von Floor und Cap"). Wird die Zinsgrenze unter- bzw. überschritten, so kann die zu leistende Ausgleichszahlung die empfangene Prämie aber um ein Vielfaches übersteigen.

Der Stillhalter profitiert hingegen immer dann von dem eingegangenen Zinsbegrenzungsvertrag, wenn der Referenzzinssatz innerhalb der Zinsgrenzen bleibt. In diesem Fall wird keine Ausgleichszahlung fällig, der Stillhalter hat jedoch dennoch die Prämie erhalten.

9.3.5   Prämien von Floor und Cap

Für das Recht im Falle der Unterschreitung einer Zinsuntergrenze beim Floor, bzw. der Überschreitung einer Zinsobergrenze beim Cap, Ausgleichszahlungen zu erhalten, muss der Käufer einen Preis, die so genannte **Prämie**, bezahlen.

Bei Caps und Floors, die als Einzelgeschäfte abgeschlossen werden, ist dieses in Form einer Einmalzahlung an den Verkäufer der Zinsderivate üblich. Die Prämie wird in Basispunkten bemessen und auf das vereinbarte Volumen berechnet. Sie wird meist „upfront", d.h. zu Beginn der Laufzeit des Zinsderivats gezahlt. Es kann aber auch vereinbart werden, die zu zahlende Prämie auf die Zinsperioden zu verteilen.

Die Berechnung der Prämie erfolgt mit optionspreistheoretischen Methoden[43] und geht über die Zielsetzung dieses Buches hinaus. Wir werden uns hier nur bewusst machen, von welchen Faktoren die Prämie in welcher Weise beeinflusst wird.

9.3.5.1   Prämie beim Floor

Einige Banken weisen ihre Cap- und Floor-Sätze heute bereits im Internet aus, so z.B. die Hessische Landesbank. Abbildung 9-7 zeigt die Floor-Sätze der Hessischen Landesbank am 2.7.2006:

---

[43] S. z.B. *Hull*, 2006, S. 732 ff.

Abbildung 9-7:   *Floor-Sätze der Hessischen Landesbank am 2.7.2006*

Floor (Spot Start/Prämie upfront in bp)

Floors	2%	2,5%	3%	3,5%	4%	5%	6%
1 Jahr		-1 - 1	0 - 2	4 - 7	28 - 33	97 - 107	168 - 184
2 Jahre	-1 - 2	0 - 2	1 - 3	7 - 10	39 - 44	159 - 174	294 - 321
3 Jahre	1 - 3	1 - 3	5 - 7	18 - 21	67 - 75	251 - 274	467 - 508
4 Jahre	2 - 4	3 - 6	12 - 15	36 - 41	102 - 112	339 - 370	629 - 683
5 Jahre	3 - 5	7 - 10	21 - 25	55 - 61	136 - 150	424 - 461	
6 Jahre	5 - 8	12 - 15	32 - 36	75 - 83	171 - 187	505 - 549	
7 Jahre	8 - 11	18 - 22	42 - 48	96 - 106	205 - 224		
8 Jahre	11 - 14	25 - 29	53 - 60	115 - 126	237 - 259		
9 Jahre	15 - 18	31 - 35	65 - 72	134 - 147	266 - 290		
10 Jahre	18 - 22	37 - 42	77 - 85	153 - 167			

Quelle: www.helaba.de

Beispiel 9.8: Für einen Floor mit 4-jähriger Laufzeit und einem Floor-Zinssatz von 3% p.a. sind als Prämie zwischen 12 und 15 Basispunkte zu zahlen. Bei einem Floorvolumen von 100.000 € beträgt die Prämie daher je nach Kontrahent zwischen 120 € und 150 €.   □

Die Prämie eines Floor hängt von verschiedenen Faktoren ab, deren Wirkungsweise in der folgenden Übersicht erläutert wird:

Tabelle 9-6:   *Faktoren der Prämie beim Floor*

Faktor	Wirkungsweise
Laufzeit	Je höher die Laufzeit ist, desto höher ist auch die Prämie, da in einer größeren Anzahl von Zinsperioden eine Absicherung des Zinssatzes erfolgt.
Strike	Je höher der Mindestzinssatz ist, der gesichert werden soll, desto höher ist auch der zu entrichtende Preis. Die Wahrscheinlichkeit, dass der Mindestzinssatz unterschritten wird, wird größer, je höher dieser ist.
Aktuelles Zinsniveau	Je niedriger das aktuelle Zinsniveau ist, desto höher wird die zu zahlende Prämie sein. Die Wahrscheinlichkeit, dass der Referenzzinssatz den Mindestzinssatz unterschreitet, steigt bei niedrigem Zinsniveau an.
Zinsvolatilität	Je höher die Zinsschwankung ist, desto höher ist auch der Preis eines Floor. Wiederum steigt die Wahrscheinlichkeit für ein Unterschreiten des Strikes am Zinsfestsetzungstermin.

Die Abhängigkeit der Prämie von Laufzeit und Strike ist aus dem Beispiel der Floor-Sätze der Hessischen Landesbank vom 2.7.2006 in Abbildung 9-7 gut ersichtlich. Mit steigender Laufzeit und steigendem Mindestzinssatz steigen die Preise.

Die **Zinsvolatilität** drückt aus, wie stark die Zinsen variieren. Bei einer hohen Variabilität der Zinsen sind sowohl Ausschläge nach oben als auch nach unten, und damit auch Unterschreitungen eines bestimmten Floor-Zinssatzes an einem vorgegebenen Termin, viel wahrscheinlicher als bei einer geringen Schwankung. Im Extremfall kann man sich eine geringe Schwankung oder Volatilität der Zinssätze als konstanten Zinssatz vorstellen. Ein konstanter Zinssatz wird aber, wenn er nicht bereits zu Beginn der Laufzeit den Floor-Zinssatz unterschritten hatte, diesen auch während der Laufzeit nicht unterschreiten. Bei einer kleinen Volatilität wird die Prämie daher niedrig, bei einer großen Volatilität wird sie hoch sein.

9.3.5.2   Prämie beim Cap

Im Folgenden sind die Faktoren aufgeführt, die den Preis eines Cap beeinflussen.

Tabelle 9-7:   *Faktoren der Prämie beim Cap*

Faktor	Wirkungsweise
Laufzeit	Je höher die Laufzeit ist, desto höher ist die Prämie.
Strike	Je höher der Höchstzinssatz ist, der gesichert werden soll, desto niedriger ist die zu entrichtende Prämie. Die Wahrscheinlichkeit, dass der Höchstzinssatz überschritten wird, wird kleiner, je höher dieser ist.
Aktuelles Zinsniveau	Je höher das aktuelle Zinsniveau ist, desto höher wird die zu zahlende Prämie sein. Die Wahrscheinlichkeit, dass der Referenzzinssatz den Höchstzinssatz überschreitet, steigt bei hohem Zinsniveau an.
Zinsvolatilität	Je höher die Zinsschwankung ist, desto höher ist auch der Preis eines Cap. Auch hier steigt die Wahrscheinlichkeit für ein Überschreiten des Strikes am Zinsfestsetzungstermin.

Die Abhängigkeit der Prämie von Laufzeit und Strike ist auch aus den Cap-Sätzen der Hessischen Landesbank vom 2.7.2006 in Abbildung 9-8 ersichtlich.

Abbildung 9-8: *Cap-Sätze der Hessischen Landesbank am 2.7.2006*

Cap (Spot Start/Prämie upfront in bp)

CAPS-> Laufzeit	2%	2,5%	3%	3,5%	4%	5%	6%
1 Jahr							
2 Jahre	257 - 281	189 - 206	121 - 133	58 - 65			
3 Jahre	442 - 481	329 - 359	219 - 240	119 - 131	56 - 63	13 - 16	3 - 6
4 Jahre	626 - 680	472 - 514	326 - 355	194 - 213	105 - 116	32 - 37	11 - 14
5 Jahre		618 - 672	437 - 475	275 - 300	161 - 176	57 - 64	23 - 27
6 Jahre		766 - 831	551 - 599	360 - 392	222 - 242	88 - 97	38 - 43
7 Jahre			667 - 725	450 - 489	288 - 314	121 - 133	57 - 64
8 Jahre				541 - 588	357 - 389	159 - 174	77 - 86
9 Jahre					427 - 465	198 - 217	99 - 110
10 Jahre					500 - 544	238 - 260	124 - 136

9.4 Weitere Zinsderivate

Im Folgenden soll ein kurzer Ausblick auf einige weitere Zinsderivate gegeben werden.

9.4.1 Collar

Ein Cap und ein Floor können sich auch in einem Finanzinstrument verbinden lassen, so dass der Käufer bei Verlassen eines bestimmten Zinsbereiches, d.h. beim Unterschreiten eines Mindestzinssatzes und beim Überschreiten eines Höchstzinssatzes eine Ausgleichszahlung erhält. Eine solche Struktur nennt man einen **Collar**. Der Käufer rechnet mit starken Änderungen des Referenzzinssatzes, während der Stillhalter einen Collar bei einer Erwartung von geringen Schwankungen des Referenzzinssatzes verkauft.

9.4.2 Forward Rate Agreement

Zinsbegrenzungsverträge sichern einen Mindest- oder Höchstzinssatz. Wie bereits diskutiert, kostet das so verhandelte einseitige Recht, bei Unterschreiten des Mindestzinssatzes oder Überschreiten des Höchstzinssatzes Zahlungen zu empfangen, den Käufer eine Prämie.

Beim **Forward Rate Agreement (FRA)** einigen sich Käufer und Verkäufer auf einen Zinssatz für eine in der Zukunft liegende Zinsperiode. Dieser Zinssatz wird als die **Forward Rate** bezeichnet. Wird die vereinbarte Forward Rate überschritten, muss der Verkäufer dem Käufer eine Ausgleichszahlung erbringen, wird sie unterschritten, leistet der Käufer eine Ausgleichszahlung an den Verkäufer. Chancen und Risiken sind hier ausgewogen, so dass eine zusätzliche Prämie nicht anfällt.

Beispiel 9.9: Der Chefhändler der Buy-Now-Bank (Käufer) schließt mit dem Juniorhändler der Sell-Later-Bank (Verkäufer) ein Forward Rate Agreement über 100.000 € ab, das in 3 Monaten beginnen soll und für eine Zinsperiode von 6 Monaten währt. Einen solchen FRA nennt man 3 gegen 9 Monate-FRA, da er nach einer Vorlaufzeit von 3 Monaten beginnt und nach insgesamt 9 Monaten beendet ist. Referenzzinssatz ist der 6-Monats-Euribor. Die Forward Rate wird mit 2,98% p.a. vereinbart. Es wird die 30/360-Methode verwendet.

Liegt der 6-Monats-Euribor am Zinsfestsetzungstermin in 3 Monaten bei 3,2% p.a., so muss der Juniorhändler der Sell-Later-Bank für die folgende Zinsperiode von 6 Monaten die Differenz von 0,22% p.a. an den Chefhändler der Buy-Now-Bank zahlen, d.h.

$$(0{,}032 - 0{,}0298) \cdot \frac{180}{360} \cdot 100.000 \ € = 110 \ €.$$

Liegt hingegen der 6-Monats-Euribor in 3 Monaten z.B. nur bei 2,8% p.a., d.h. unterhalb der vereinbarten Forward Rate, so muss der Chefhändler als Käufer dem Juniorhändler als Verkäufer die Differenz von 2,98% p.a. - 2,8% p.a. für 6 Monate ausbezahlen, d.h. der Juniorhändler erhält

$$(0{,}0298 - 0{,}028) \cdot \frac{180}{360} \cdot 100.000 \ € = 90 \ €. \hspace{3cm} \square$$

Allgemein lässt sich also feststellen:

Bei Überschreiten der vereinbarten Forward Rate durch den Referenzzinssatz zu Beginn der Zinsperiode erhält der Käufer vom Verkäufer eine Ausgleichszahlung für die vereinbarte Zinsperiode in Höhe der Differenz der Zinssätze:

$$(\text{Referenzzinssatz} - \text{Forward Rate}) \cdot \frac{\text{Tage}}{360} \cdot \text{Volumen} . \hspace{2cm} (9.3)$$

Wird die Forward Rate aber vom Referenzzinssatz unterschritten, so hat der Käufer umgekehrt dem Verkäufer eine Ausgleichszahlung in Höhe von

$$(\text{Forward Rate} - \text{Referenzzinssatz}) \cdot \frac{\text{Tage}}{360} \cdot \text{Volumen} \hspace{2cm} (9.4)$$

zu erbringen.

Die so ermittelten Differenzzahlungen sind am Ende der Zinsperiode fällig.[44]

Rechte und Verpflichtungen sind somit symmetrisch. Es wird keine Prämie gezahlt, die Bezeichnungen „Käufer" und „Verkäufer" sind in diesem Sinne so auch irreführend. Durch die Benennung wird beim Forward Rate Agreement allein festgelegt, wer welche Position des Geschäfts einnimmt.

Die Situation ist aber nur dann für beide Vertragspartner symmetrisch, wenn die Chancen und Risiken, dass die Forward Rate über- oder unterschritten wird, gleich hoch sind. Es muss also Ziel beider Vertragspartner sein, einen „fairen" Zinssatz als Forward Rate zu finden. Die Forward Rate drückt die Erwartungen beider Vertragspartner an den zu Beginn der Zinsperiode, für die das Forward Rate Agreement abgeschlossen wird, herrschenden Zinssatz aus.

9.4.3 Zinsswap

Beispiel 9.10: Stellen Sie sich vor, Sie hätten als Manager der Kult GmbH vor 5 Jahren für 100.000 € einen Floater des Unternehmens Star AG mit einer Laufzeit von 15 Jahren gekauft, der halbjährlich den 6-Monats-Euribor abzüglich 20 Basispunkte zahlt. Heute bereuen Sie die Anlage in ein variabel verzinsliches Wertpapier und Sie würden lieber einen festen Zinssatz erhalten.

Sie können nun die variablen Zinsen aus Ihrem Floater gegen feste Zinsen „eintauschen". Dazu gehen Sie mit einem Vertragspartner, der variable Zinszahlungen empfangen möchte, einen Swap (engl.: Tausch) ein. An den vereinbarten Zinsterminen zahlen Sie Ihrem Vertragspartner die variablen Zinsen aus Ihrem Floater, d.h. den 6-Monats-Euribor. Als Gegenleistung erhalten Sie von ihm einen heute vereinbarten festen Zinssatz, unabhängig von der zukünftigen Entwicklung des 6-Monats-Euribors. Sie tauschen nur die Zinsbeträge, nicht aber das zugrunde liegende Volumen von 100.000 € aus.

Nehmen wir an, der Swapsatz für 10-jährige Swaps gegen den 6-Monats-Euribor beträgt zu dem Zeitpunkt Ihres Vertrages 4,2% p.a. bei halbjährlicher Zinszahlung des festen Zinssatzes. Sie schließen den Swap mit der Orange-Bank ab. Aufgrund der Bonität der Kult GmbH fordert die Bank noch einen Risikozuschlag in Form eines Spreads, d.h. eines Zuschlags auf den variablen Zinssatz. Dieser betrage 50 Basispunkte, also 0,5% p.a. Schematisch sehen die Zinsflüsse in der Zukunft dann wie folgt aus:

---

[44] In der Praxis werden die Differenzzahlungen jedoch meist abgezinst und bereits zu Beginn der Zinsperiode gezahlt.

Abbildung 9-9:   *Zinszahlungen beim Zinsswap (Beispiel 9.10)*

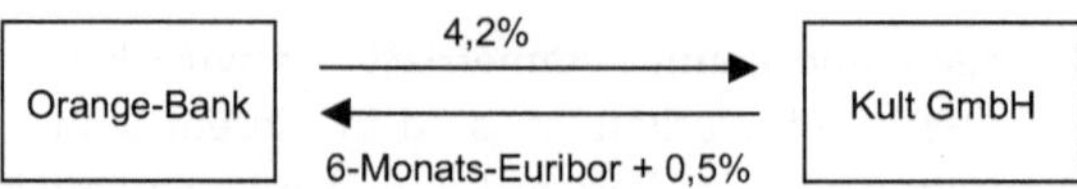

Aus Sicht der Kult GmbH müssen die Zinszahlungen aus dem Swap natürlich in Verbindung mit den eingehenden Zinszahlungen aus dem Floater gesehen werden.

Abbildung 9-10:   *Resultierende Zinszahlungen aus Swap und Floater (Beispiel 9.10)*

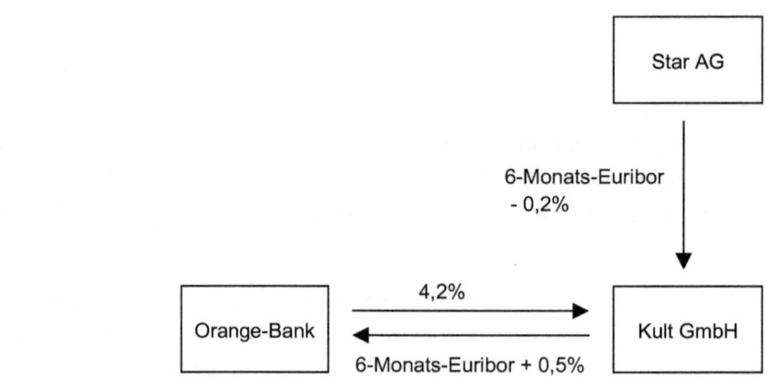

Für die Kult GmbH verbleiben demnach

6-Monats-Euribor – 0,2% - (6-Monats-Euribor + 0,5%) + 4,2% = 3,5%

an festen Zinsen[45], die sie aus der Kombination des Floater mit dem Zinsswap für die nächsten 10 Jahre erhält.   □

Ein Zinsswap ist also ein Finanzinstrument, bei dem Zinszahlungen gegeneinander ausgetauscht werden. Der Vertragspartner, der die festen Zinszahlungen erbringt, wird als **Payer** bezeichnet. Der andere Vertragspartner empfängt die festen Zinszah-

---

[45]   Bei dem berechneten Zinssatz handelt es sich um einen Jahreszinssatz. Für die halbjährlichen Zinszahlungen wird entsprechend der zugehörige linear proportionale Zinssatz verwendet.

lungen und heißt daher **Receiver**. Er erbringt im Ausgleich die variablen Zinszahlungen. Der allgemeine Zinsfluss ist schematisch noch einmal in Abbildung 9-11 illustriert.

Die Höhe der variablen Zinszahlung richtet sich nach einem Referenzzinssatz, zu dem ein gewisser Auf- oder Abschlag (**Spread**) in Form von Basispunkten hinzukommen kann. Der Spread hängt u.a. von der Bonität des Kontrahenten ab.

Abbildung 9-11:   *Zinszahlungen beim Zinsswap*

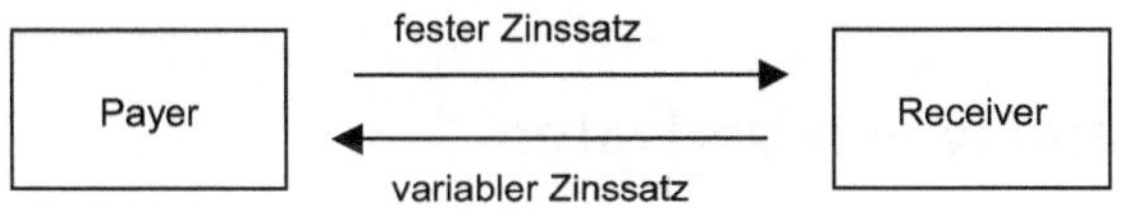

9.5   Allgemeines zu Derivaten

Mit Caps, Floors, Collars, FRAs und Swaps haben wir die gängigsten **Zinsderivate** kennen gelernt. **Derivate**[46] sind dabei Finanzinstrumente, die von anderen Instrumenten **abgeleitet** sind (lat. „derivativ": abgeleitet). Sie unterscheiden sich damit von den **originären** (lat. „originär": ursprünglich) Instrumenten. Im Bereich der Zinsfinanzprodukte betrachtet man z.B. Wertpapiere mit festem oder variablem Zinssatz als originäre Instrumente. Caps, die eine Absicherung des Zinsatzes garantieren oder aber FRAs, die einen Zinssatz festlegen, sind Beispiele für Derivate.

Das KWG[47] definiert Derivate wie folgt:

Definition: Derivate sind als Festgeschäfte oder Optionsgeschäfte ausgestaltete Termingeschäfte, deren Preis unmittelbar oder mittelbar abhängt von

1. dem Börsen- oder Marktpreis von Wertpapieren,

2. dem Börsen- oder Marktpreis von Geldmarktinstrumenten,

3. dem Kurs von Devisen oder Rechnungseinheiten,

4. Zinssätzen oder anderen Erträgen oder

---

[46]   Zu allgemeinen Bemerkungen zu Derivaten siehe z.B. auch *Beicke, R., Barckow, A.*, 2002, S. 1 ff.
[47]   S. KWG, 1998, §1 Absatz 11 Satz 4.

5. dem Börsen- oder Marktpreis von Waren oder Edelmetallen.

Derivate sind also **Termingeschäfte**, deren Zahlungen in der Zukunft abhängig von einem dann eingetretenen Zustand erfolgen. In Abgrenzung hierzu spricht man bei Zahlungen, die zum Vertragsabschluss erfolgen, wie z.B. beim Kauf eines Wertpapiers oder einer Aktie, von **Kassageschäften**.

Beim **Käufer** eines Derivats sagt man, dass er eine **Long-Position** eingeht, der **Verkäufer** hat eine **Short-Position**. Die Chancen und Risiken für Käufer und Verkäufer sind, wie wir gesehen haben, nicht zwangsläufig symmetrisch.

9.5.1 Einteilung von Derivaten

In der Definition von Derivaten klingen verschiedene Gesichtspunkte an, die im Folgenden durch die verschiedenen möglichen Einteilungen von Derivaten erläutert werden. Die Beispiele gehen zwar über Zinsprodukte hinaus, erleichtern aber auch die Einordnung der behandelten Zinsderivate. Das Mindmap in Abbildung 9-12 stellt die Klassifikation noch einmal grafisch dar.

9.5.1.1 Einteilung nach Underlying

Zunächst kann man Derivate nach dem zugrunde liegenden Wert, dem so genannten **Underlying** oder **Basiswert**, einteilen.

Innerhalb der Finanzprodukte kann man als Underlyings **Aktienkurse, Indizes, Zinssätze** und **Wechselkurse** unterscheiden.

Termingeschäfte können aber auch auf **Güter** erfolgen. Beispielsweise können zwei Geschäftspartner den Preis für eine bestimmte Menge an Weizen, die zu einem zukünftigen Zeitpunkt übergeben wird, bereits heute vereinbaren. Unabhängig von der Höhe des Weizenpreises am vereinbarten Zeitpunkt, haben sich beide Vertragspartner an den heute vereinbarten Preis zu halten.

Weitere Güter, die als Underlying für Derivate in Frage kommen, sind Rohöl, Metalle, insbesondere Edelmetalle, Baumwolle, etc.

Seit der Öffnung der Strommärkte gewinnen **Stromderivate** immer mehr an Bedeutung. Mit diesen können Käufer und Verkäufer z.B. weit vor der aktuellen Lieferung einen Preis für den zu liefernden Strom vereinbaren. Eine weitere aktuelle Entwicklung stellen die so genannten **Wetterderivate** dar. Die Käufer können sich z.B. Ausgleichszahlungen für den Eintritt bestimmter Wetterereignisse sichern, wie etwa langer Regen- oder auch langer Hitzeperioden. So können aufgrund des Wetters eintretende mögliche wirtschaftliche Schäden abgesichert werden.

Abbildung 9-12:   *Mindmap: Klassifikation von Derivaten*

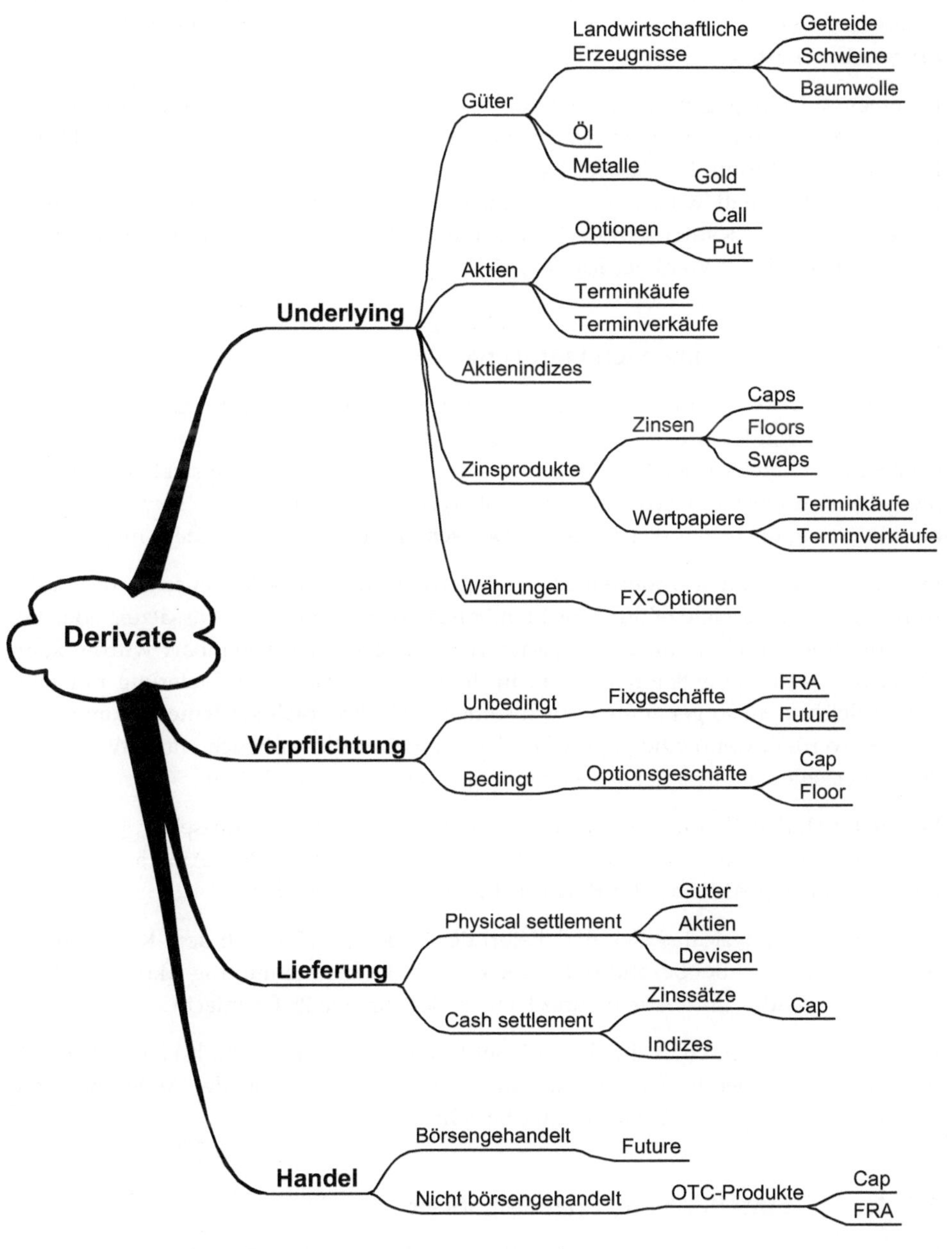

9.5.1.2 Einteilung nach dem Grad der Verpflichtung

Bei den bereits vorgestellten FRAs kommt es in jedem Fall zu einem Austausch von Zahlungen zwischen Käufer und Verkäufer. Man nennt ein solches Geschäft ein **unbedingtes Geschäft**.

Bei einem Cap hingegen hat der Käufer das Recht, eine Ausgleichszahlung vom Verkäufer einzufordern, wenn ein festgelegter Höchstzinssatz überschritten wird. Dieses Recht ist eine **Option**. Der Käufer kann entscheiden, ob er sie wahrnimmt oder nicht. Ein solches Geschäft wird daher **bedingt** genannt, es kommt unter der Bedingung zustande, dass der Käufer sein Recht wahrnimmt. Der Verkäufer der Option, der Stillhalter, muss sich der Wahl des Käufers fügen.

9.5.1.3 Einteilung nach Lieferung

Kauft man ein Wertpapier auf Termin, so kann das Wertpapier bei Erreichen dieses Termins dem Käufer effektiv geliefert werden, der Verkäufer erhält den ausgemachten Geldbetrag. Diese Art der Erfüllung des Geschäfts nennt man „**physical settlement**", die gekauften Objekte werden physisch übergeben. Ein „physical settlement" ist z.B. bei Aktien, verzinslichen Wertpapieren, Devisen und natürlich bei Gütern möglich.

Es existieren aber auch Underlyings, bei denen ein physisches Austauschen des Basiswertes gegen eine Geldzahlung nicht möglich ist, wie z.B. bei Zinssätzen oder bei Aktienindizes. Auch wenn ein Zinssatz von z.B. 2,5% p.a. vereinbart wurde, kann dieser nicht effektiv geliefert werden. In diesem Fall besteht die Lieferung in einem Barausgleich, dem so genannten „cash settlement". Ein „**cash settlement**" kann auch gewählt werden, wenn eine physische Lieferung eigentlich möglich wäre. Wir wollen den Unterschied am Beispiel des Kaufs einer Aktie veranschaulichen.

Beispiel 9.11: Am 15. Juni vereinbart Herr Bei am 15. Dezember desselben Jahres eine Aktie der Star AG zum Preis von 250 € von Herrn Sell zu kaufen. Am 15. Dezember liegt der Kurs der Aktie bei 275 €. Wie sieht die Lieferung aus?

Lösung: Beim „physical settlement" liefert der Verkäufer Herr Sell dem Käufer Herrn Bei die Aktie, Herr Bei bezahlt dafür 250 €. Herr Bei könnte nun die Aktie am Markt für 275 € verkaufen und hätte demnach einen Gewinn von 25 € gemacht.

Wollen beide das Geschäft durch „cash settlement" erfüllen, so zahlt Herr Sell Herrn Bei den Differenzbetrag von 25 €, der zwischen dem Marktwert der Aktie von 275 € und dem ausgemachten Preis von 250 € besteht. □

9.5.1.4 Einteilung nach Handelbarkeit

Derivate kann man auch danach klassifizieren, ob sie an der Börse gehandelt werden oder OTC-Produkte („Over the counter"-Produkte) sind. Börsengehandelte Derivate sind wie andere an der Börse gehandelte Produkte sehr standardisiert. Die Standardisierung umfasst vor allem das Volumen, die Zahlungstermine sowie das Underlying.

Im Zinsbereich werden vor allem Futures an der Börse gehandelt. Ein Future kann als standardisiertes Forward Rate Agreement bezeichnet werden, wobei sich die Notierung von derjenigen des FRA unterscheidet. Auf Futures werden wir hier aber nicht eingehen.

Käufer und Verkäufer von börsengehandelten Produkten treten nicht direkt miteinander in Verbindung, zwischen sie tritt die Clearingstelle der Börse. Die Börse trägt so das Risiko, dass ein Vertragspartner seinen Verpflichtungen der Lieferung bzw. Zahlung nicht nachkommt.

Der Börsenhandel unterliegt der Börsenaufsicht.

OTC-Produkte werden zwischen zwei Vertragspartnern individuell ausgehandelt. „Over the counter" signalisiert, dass der Vertrag wie im Tante-Emma-Laden vom Verkäufer zum Käufer hinüber geschoben wird. So können alle Bedürfnisse der Vertragspartner in dem Derivat individuell berücksichtigt werden. Dieses kann den Betrag betreffen, der z.B. auf ein Volumen von 123.500 € lauten kann, den Referenzzinssatz, etwa den nicht so gebräuchlichen 2-Monats-Euribor, die Laufzeit, die keine vollen Perioden umfassen muss, die Zinszahlungstermine, sowie weitere spezielle Ausstattungen. Da die Geschäftspartner einen direkten Vertrag miteinander eingehen, tragen sie jeweils das Risiko, dass der Vertragspartner seinen Verpflichtungen nicht nachkommt.

9.5.2 Ziele beim Abschluss von Derivaten

9.5.2.1 Sicherheit

Wir haben die Zinsbegrenzungsverträge in diesem Kapitel als Möglichkeit eingeführt, sich einen Mindest- oder einen Höchstzinssatz zu sichern. Die Sicherung gewünschter Konditionen ist ein häufiges Motiv zum Abschluss von Derivaten.

Beispiel 9.12: Erhält ein Unternehmen z.B. Zahlungen in fremder Währung in der Zukunft, so kann es die dann herrschenden Wechselkurse nicht vorhersehen. Es kann ein Interesse daran haben, sich diese bereits vor Erhalt der Zahlungen zu sichern.

Ein deutsches Unternehmen erwartet in einem Monat einen Zahlungseingang von 250.000 britischen Pfund. Da das Unternehmen ansonsten in Euro handelt, muss es die eingehenden britischen Pfund in einem Monat in Euro tauschen. Wenn das Unternehmen einen fallenden Kurs des Pfunds fürchtet, wird es eventuell bereits heute ein Termingeschäft zum Verkauf der britischen Pfund eingehen wollen und sich so bereits heute einen Verkaufskurs sichern. Das Unternehmen hat so zu seiner Absicherung ein

Geschäft mit Zahlungen abgeschlossen, die den eingehenden Zahlungen aus dem Grundgeschäft (Eingang von 250.000 britischen Pfund) entgegengesetzt sind. Man nennt ein solches Vorgehen auch **Hedging**.   □

9.5.2.2   Spekulation

Dem Ziel der Sicherung anderer Geschäfte diametral entgegengesetzt ist der Handel mit Derivaten zur **Spekulation**. Bei dieser Zielsetzung werden Derivate als Einzelgeschäfte gekauft.

So lässt sich ein Cap, wenn man auf steigende Zinssätze setzt, auch ohne zugrunde liegenden Floater kaufen. Der Käufer erhält bei Überschreiten des Höchstzinssatzes Ausgleichszahlungen. Das Spekulationsgeschäft hat sich dann gelohnt, wenn die Summe der Ausgleichszahlungen die zu Beginn gezahlte Prämie übersteigt.

Auch der Stillhalter der Option kann aus Spekulationszwecken handeln. Er verkauft eventuell gerade deshalb einen Cap, weil er auf fallende Zinsen setzt. Wenn die Zinsen tatsächlich fallen und den Cap-Zinssatz nicht überschreiten, verfällt der Cap für den Käufer wertlos. Der Verkäufer hat so die gesamte Prämie verdient.

9.5.2.3   Arbitrage

Arbitrage erfolgt dann, wenn es Preisunterschiede zwischen Terminprodukten und Kassaprodukten gibt, die durch geschicktes Eingehen von Positionen **ohne Risiko** gewinnbringend ausgenutzt werden können. Arbitragemöglichkeiten existieren nur kurzfristig, da der Markt sich nach kurzer Zeit wieder selbst reguliert.

Wir wollen auf Arbitrage hier nicht näher eingehen.

9.6   Partnerinterview

1. A: Aus welchem Grund würde ein Unternehmen ein variabel verzinsliches Wertpapier emittieren?

   B: Aus welchem Grund würden Sie als Anleger ein variabel verzinsliches Wertpapier kaufen?

2. A: Wie funktioniert ein Floor-Floater? Nennen Sie ein Beispiel!

   B: Wie können Sie sich einen Mindestzinssatz sichern, wenn der Emittent, von dem Sie ein Wertpapier erwerben wollen, nur Floater ohne Mindestzinssatz emittiert?

3. A: Wie ändert sich die Prämie eines Cap, wenn der Höchstzinssatz bei 5% p.a. statt bei 4% p.a. gewählt wird?

   B: Wie ändert sich die Prämie eines Floor, wenn der Mindestzinssatz bei 4% p.a. statt bei 3% p.a. gewählt wird?

4. A: Welchen Effekt hat das aktuelle Zinsniveau auf die Prämie eines Floor?

   B: Welchen Effekt hat das aktuelle Zinsniveau auf die Prämie eines Cap?

5. A: Welchen Effekt hat die Volatilität auf die Prämie von Zinsbegrenzungsverträgen?

   B: Welchen Effekt hat die Laufzeit auf die Prämie von Zinsbegrenzungsverträgen?

6. A: Sie rechnen mit steigenden Zinsen und wollen mit Hilfe eines FRA spekulieren. Welche Position nehmen Sie ein?

   B: Erläutern Sie, was ein 6 gegen 12-Monate-FRA ist!

7. A: Erläutern Sie das Ziel der Spekulation, das mit dem Handel von Derivaten verbunden sein kann! Erklären Sie spekulatives Verhalten speziell am Kauf und Verkauf von Caps!

   B: Erläutern Sie das Ziel der Sicherheit, das mit dem Handel von Derivaten verbunden sein kann! Erklären Sie dieses Ziel speziell am Handel von Caps!

8. A: Wie kann man einen Cap auf den 4-Monats-Euribor mit einem Höchstzinssatz von 3,49% und einer Laufzeit von 3,5 Jahren bezüglich Underlying, Verpflichtung, Lieferbarkeit und Handelbarkeit einteilen?

   B: Nennen Sie ein Beispiel für ein „physical settlement"!

9.7 Übungen

1. Sie möchten am 15.1.2003 einen Betrag von 10.000 € für 3 Jahre anlegen. Der 6-Monats-Euribor steht am 15.1.2003 bei 2,757% p.a. Aufgrund des bereits niedrigen Zinsniveaus erhoffen Sie sich steigende Zinsen und möchten ein variabel verzinsliches Wertpapier mit halbjährlicher Zinszahlung kaufen. Das Industrieunternehmen Funtime-AG bietet Floater ohne Floor-Komponente mit Zinssatz 6-Monats-Euribor + 27 Basispunkte und einen Floater mit einer Verzinsung mit dem 6-Monats-Euribor + 25 Basispunkte bei einem Mindestzinssatz von 2,45% p.a. an. Zinsfestsetzungstermine sind der 15.1. und der 15.7. eines Jahres.

   a) Sie rechnen fest mit steigenden Zinsen. Für welches Wertpapier entscheiden sie sich? Warum?

b) Ein Freund von Ihnen bevorzugt eher sichere Geldanlagen. Für welches Wertpapier der Funtime-AG würde er sich entscheiden?

c) Die folgende Tabelle gibt die Zinsentwicklung der Jahre 2003 bis 2005 wieder. Bekommen Sie oder Ihr Freund einen höheren Zinsertrag aus dem Floater? Vervollständigen Sie die Tabelle. Berechnen Sie die Zinsen zur Vereinfachung mit der 30/360-Methode.

Tabelle 9-8:   6-Monats-Euribor Januar 2003 bis Juli 2005

Datum	6-Monats-Euribor	Datum der Zinszahlung	Ihr Zins-satz	Ihr Zinsertrag	Zinssatz Ihres Freundes	Zinsertrag Ihres Freundes
15.1.2003	2,757%	14.7.2003				
15.7.2003	2,073%	14.1.2004				
15.1.2004	2,123%	14.7.2004				
15.7.2004	2,205%	14.1.2005				
17.1.2005	2,196%	14.7.2005				
15.7.2005	2,146%	14.1.2006				

2. Sie arbeiten in der Treasury-Abteilung des Unternehmens Happy Day. Das Unternehmen möchte für Investitionszwecke Geld aufnehmen. Es erwartet in der nächsten Zeit fallende Zinssätze. Dennoch möchte es nicht riskieren, dass der zu zahlende Zinssatz 5,5% p.a. überschreitet. Welche Form von Wertpapier wird es emittieren?

3. Sie kaufen am 1.9.2000 einen Floater mit einer Laufzeit von 4 Jahren, dessen Zinsperioden jeweils vom 1.9. eines Jahres bis zum 31.8. des Folgejahres liegen. Die Zinsfestsetzungstermine seien der Einfachheit halber auch am 1.9. jeden Jahres. Aus dem Floater erhalten Sie den 12-Monats-Euribor + 30 Basispunkte. Sie hoffen auf Zinserhöhungen, möchten aber einen Mindestzinssatz von 4,2% p.a. sichern.

a) Welches Produkt erwerben Sie zusätzlich zu Ihrem Floater?

b) Welche Zinssätze bekommen Sie während der Laufzeit aus Ihren beiden Finanzprodukten? Die Zinsentwicklung des 12-Monats-Euribors ist Tabelle 9-2 zu entnehmen.

4. Der Juniorhändler der Sunny GmbH möchte sich profilieren. Er rechnet fest mit steigenden Zinssätzen. Er möchte darauf über einen Handel mit Zinsderivaten spekulieren. Den Kauf eines Cap verwirft er nach kurzem Überlegen, da er aus dem Cap bei einem tatsächlichen Zinsanstieg zwar Ausgleichszahlungen bekäme,

sein Gewinn aber durch die zu zahlende Prämie geschmälert würde. Stattdessen zieht er FRAs mit einem Volumen von 500.000 € in Betracht.

a) Welche Position geht er mit dem FRA ein?

b) Nehmen Sie an, der 6-Monats-Euribor (Referenzzinssatz des FRA) liegt am Beginn der Zinsperiode um 0,5% p.a. unter der Forward Rate. Welche Auswirkung hat diese Entwicklung für den Juniorhändler?

Kapitel 2: Mathematische Grundlagen

1. a) $8ab^3 + 32a^2b + 3ab^2$ b) $24x^5y^3$ c) $4x^2 + 12xa^2 + 9a^4$

2. a) x b) 2   c) 0   d) $2 + \ln(2)$ e) 8   f) $2n$

3. a) $3 \cdot \log_a(b) + \dfrac{1}{2}\log_a(c) - 5 \cdot \log_a(d) - \dfrac{3}{2}\log_a(e)$

   b) $\log_a(3) + \log_a(u) + \dfrac{1}{2}\log_a(v) - 2\log_a(w)$

4. a) $x = \dfrac{1}{2}\left(3 + e^{\frac{1}{2}}\right) = 2{,}324.$ b) $x = \dfrac{4\ln\left(\dfrac{2}{3}\right) - 3\ln\left(\dfrac{1}{4}\right)}{2\ln\left(\dfrac{1}{4}\right) - 3\ln\left(\dfrac{2}{3}\right)} = -1{,}63$

5. a) 50   b) $\dfrac{5}{6}$ c) 630

6. a) 60   b) -1   c) 576

7. a) (streng) monoton wachsend, nach unten durch 1/2, nach oben durch 1 beschränkt, konvergiert gegen 1

   b) (streng) monoton wachsend, nicht beschränkt, bestimmt divergent

   c) (streng) monoton wachsend, nicht beschränkt, bestimmt divergent, arithmetische Folge

   d) nicht monoton, nicht beschränkt, alternierend, unbestimmt divergent

8. a) $a_1 = 14$, $a_{n+1} = a_n + 3$ b) $a_n = 2 \cdot 3^n$ bei Start der Indizierung mit 0

   c) $a_n = \left(\dfrac{1}{3}\right)^n$ bei Start der Indizierung mit 0

9. $a_3 = 135$, $S_4 = 5 \cdot \sum_{j=0}^{3} 3^j = 200$

10. a) $\dfrac{3}{2}$ b) $\dfrac{5}{2}$ c) $\dfrac{63}{32}$

11. -

Kapitel 3: Zinsrechnung

1. a) 3.120 € b) 3.374,59 € c) 3.017,33 €

2. 2.146,34 €

3. q = 1,07, d = 0,935

4. 17.758,77 €

5. a) 5.969,98 € b) $i_{eff} = 0,029991$

6. 9 Jahre

7. 7,59% p.a.

8. 10.509,15 €

9. 16.468,37 €

10. 6% p.a.

11. 4.509,99 €, Differenz: 0,90 €

12. 2.100,52 €

Kapitel 4: Barwertprinzip

1. 1.225 € nach 5 Jahren

2. 9,544% p.a.

3. a) Erste Anlage: $Z_0 = -9.000$ €, $Z_1 = Z_2 = Z_3 = 800$ €, $Z_4 = 8.500$ €

   Zweite Anlage: $Z_0 = -9.000$ €, $Z_1 = Z_2 = Z_3 = Z_4 = 600$ €, $Z_5 = 8.700$ €

   b) Für die erste Anlage

   c) Nein, da Sie mehr zahlen, als Sie zukünftig barwertig zurück erhalten.

4. 6,394% p.a.

Kapitel 5: Investitionsrechung

1. a) Ja b) bei 9% p.a. $(K_0 = 0{,}0725$ Mio. €$)$ lohnt sie sich, bei 10% p.a. nicht $(K_0 = -0{,}0609$ Mio. €$)$ c) 9,5% p.a.

2. Innerer Zinssatz: 10% p.a. Da der innere Zinssatz größer als der Kalkulationszinssatz ist, lohnt sich die Investition.

3. Die Investition lohnt sich, sie hat sich bereits nach 3 Jahren amortisiert.

Kapitel 6: Rentenrechnung

1. a) 48.584,89 € b) 50.649,75 €

2. 5.509,80 €

3. Die Einzelbeiträge der Ratenzahlungen zum Rentenendwert sind in der folgenden Tabelle dargestellt.

Einzelbeiträge der Ratenzahlungen zum Rentenendwert einer vorschüssigen Rente

Zahlung am Beginn von Jahr	Rate	Jahre der Verzinsung	Beitrag
1	1.000,00 €	5	1.216,65 €
2	1.000,00 €	4	1.169,86 €
3	1.000,00 €	3	1.124,86 €
4	1.000,00 €	2	1.081,60 €
5	1.000,00 €	1	1.040,00 €
		Summe	5.632,98 €

4. a) 73.652,22 € b) 17,22 Jahre

5. 2.616,47 €

6. 13.358,21 €

7. Da die abgehobenen 4.500 € weniger als die Zinsen von 12.000 € (8% von 150.000) ausmachen, liegt kein Kapitalverzehr, sondern ein Kapitalaufbau vor.

8. Kapitalaufbau: $K_n = K_0 \cdot q^n + r \cdot q \cdot \dfrac{q^n - 1}{i}$.

$$\text{Kapitalverzehr: } K_n = K_0 \cdot q^n - r \cdot q \cdot \frac{q^n - 1}{i}.$$

9. 7.511,91 €

10. 3.075,05 €

11. 13,89 Jahre

12. Die 5-jährige Rente über 2.000 € pro Jahr hat am 31.12.2005 einen Wert von 10.724,93 €, der dann noch 3 Jahre verzinst wird. Die Einmalzahlung wird 4 weitere Jahre verzinst, es kommt eine 3-jährige Rente über 500 € pro Jahr hinzu.

$$10.724{,}93 \ \text{€} \cdot 1{,}035^3 + 6.000 \ \text{€} \cdot 1{,}035^4 + 1.553{,}11 \ \text{€} = 20.329{,}17 \ \text{€}$$

13. 1.250.000 €

Kapitel 7: Tilgungsrechnung

1. Die folgenden Tilgungspläne zeigen die Entwicklung der Restschulden, etc. beim Raten- und Annuitätendarlehen.

Ratendarlehen

Jahr	Restschuld zu Beginn des Jahres	Zins	Tilgung	Annuität	Restschuld am Ende des Jahres
1	20.000,00 €	1.200,00 €	5.000,00 €	6.200,00 €	15.000,00 €
2	15.000,00 €	900,00 €	5.000,00 €	5.900,00 €	10.000,00 €
3	10.000,00 €	600,00 €	5.000,00 €	5.600,00 €	5.000,00 €
4	5.000,00 €	300,00 €	5.000,00 €	5.300,00 €	0,00 €

Annuitätendarlehen

Jahr	Restschuld zu Beginn des Jahres	Zins	Tilgung	Annuität	Restschuld am Ende des Jahres
1	20.000,00 €	1.200,00 €	4.571,83 €	5.771,83 €	15.428,17 €
2	15.428,17 €	925,69 €	4.846,14 €	5.771,83 €	10.582,03 €
3	10.582,03 €	634,92 €	5.136,91 €	5.771,83 €	5.445,12 €
4	5.445,12 €	326,71 €	5.445,12 €	5.771,83 €	0,00 €

2. a) $A = Z + T = 150.000 \; € \cdot (0{,}04 + 0{,}02) = 9.000 \; €$ b) 28,01 Jahre

Tilgungsplan

Jahr	Restschuld zu Beginn des Jahres	Zins	Tilgung	Annuität	Restschuld am Ende des Jahres
1	150.000,00 €	6.000,00 €	3.000,00 €	9.000,00 €	147.000,00 €
2	147.000,00 €	5.880,00 €	3.120,00 €	9.000,00 €	143.880,00 €
3	143.880,00 €	5.755,20 €	3.244,80 €	9.000,00 €	140.635,20 €
4	140.635,20 €	5.625,41 €	3.374,59 €	9.000,00 €	137.260,61 €
5	137.260,61 €	5.490,42 €	3.509,58 €	9.000,00 €	133.751,03 €
6	133.751,03 €	5.350,04 €	3.649,96 €	9.000,00 €	130.101,07 €
...	...	...	...	...	...
27	17.064,77 €	682,59 €	8.317,41 €	9.000,00 €	8.747,36 €
28	8.747,36 €	349,89 €	8.650,11 €	9.000,00 €	97,25 €

3. Bei 7,5% p.a.: 133.763,35 €; bei 4% p.a.: 187.464,96 €.

4. –

5. Es wird nur ein Ausschnitt aus dem Tilgungsplan dargestellt:

Tilgungsplan

Jahr	Monat	Restschuld zu Beginn des Monats	Zins	Tilgung	Annuität	Sondertilgung	Restschuld am Ende des Monats
1	1	140.000,00 €	460,83 €	339,17 €	800,00 €	-	139.660,83 €
	2	139.660,83 €	459,72 €	340,28 €	800,00 €	-	139.320,55 €
	3	139.320,55 €	458,60 €	341,40 €	800,00 €	-	138.979,15 €
	4	138.979,15 €	457,47 €	342,53 €	800,00 €	-	138.636,62 €
	5	138.636,62 €	456,35 €	343,65 €	800,00 €	-	138.292,97 €
	6	138.292,97 €	455,21 €	344,79 €	800,00 €	-	137.948,18 €
	7	137.948,18 €	454,08 €	345,92 €	800,00 €	-	137.602,26 €
	8	137.602,26 €	452,94 €	347,06 €	800,00 €	-	137.255,20 €

	9	137.255,20 €	451,80 €	348,20 €	800,00 €	-	136.907,00 €
	10	136.907,00 €	450,65 €	349,35 €	800,00 €	-	136.557,65 €
	11	136.557,65 €	449,50 €	350,50 €	800,00 €	-	136.207,15 €
	12	136.207,15 €	448,35 €	351,65 €	800,00 €	7.000,00 €	128.855,50 €
2	1	128.855,50 €	424,15 €	375,85 €	800,00 €	-	128.479,65 €
...	...	...	...	...	...	...	...

Kapitel 8: Kurs- und Renditerechnung

1. Zahlungsstrom: $Z_1 = Z_2 = Z_3 = 375$ €, $Z_4 = 5.375$ €, Preis: 5.734,62 €

2. Eine Rendite von 16,25% p.a., denn

$$\frac{\dfrac{10\ €}{(1+i')} + \dfrac{110\ €}{(1+i')^2}}{100\ €} = 0,90 \quad \Leftrightarrow \quad i'_{1/2} = \frac{1}{18}\left(\pm\sqrt{\left(\frac{1}{18}\right)^2 + \frac{11}{9}}\right) - 1 = 0,1625$$

3. a) 8.813,47 €, denn $\dfrac{10.000\ €}{(1,043)^3} = 8.813,47$ €   b) 5,98% p.a.

Kapitel 9: Zinsderivate

1. Ihr Freund und Sie treffen folgende Entscheidungen:

    a) Sie entscheiden sich für den Floater ohne Floor-Komponente, da Sie bei tatsächlich steigenden Zinsen hier die bessere Basisverzinsung erhalten (6-Monats-Euribor + 27 Basispunkte statt + 25 Basispunkte).

    b) Ihr Freund entscheidet sich für den Floor-Floater, da dieser eine sichere Verzinsung von 2,45% erbringt.

    c) Im Nachhinein (bei Kenntnis der Zinssätze) hat sich die Entscheidung Ihres Freundes für die sichere Verzinsung gelohnt. Er bekommt i.a. höhere Zinszahlungen, auch der Barwert der Zinszahlungen ist höher.

Zinserträge aus Floater ohne und mit Mindestverzinsung

Datum	6-Monats-Euribor	Ihr Zinssatz	Ihr Zinsertrag	Zinssatz Ihres Freundes	Zinsertrag Ihres Freundes
15.1.2003	2,757%	3,027%	151,35 €	3,007%	150,35 €
15.7.2003	2,073%	2,343%	117,15 €	2,45%	122,50 €
15.1.2004	2,123%	2,393%	119,65 €	2,45%	122,50 €
15.7.2004	2,205%	2,475%	123,75 €	2,455%	122,75 €
17.1.2005	2,196%	2,466%	123,30 €	2,45%	122,50 €
15.7.2005	2,146%	2,41%6	120,80 €	2,45%	122,50 €

2. Cap-Floater mit Cap-Zinssatz von 5,5% p.a.

3. a) Floor mit Floor-Zinssatz von 3,9% p.a.

   b) Die folgende Tabelle zeigt die Zinszahlungen beim Kauf eines Floater und eines zusätzlichen Floor

Zinszahlungen beim Kauf eines Floater und eines zusätzlichen Floor

Datum	12-Monats-Euribor	Datum der Zinszahlung	Vom Emittenten empfangener Zinssatz	Von der Bank erhaltener Zinssatz	Resultierender Zinssatz
1.9.2000	5,261%	31.8.2001	5,561%	-	5,561%
3.9.2001	3,976%	30.8.2002	4,276%	-	4,276%
2.9.2002	3,365%	29.8.2003	3,665%	0,535%	4,200%
1.9.2003	2,314%	31.8.2004	2,614%	1,586%	4,200%

4. a) Käufer des FRA b) Er muss $0,5\% \, \frac{180}{360} \cdot 500.000 \, € = 1.250 \, €$ zahlen.

Literatur

Bürgerliches Gesetzbuch (BGB), Fassung vom 26.11.2001.

Beike, R., Barckow, A.: Risk-Management mit Finanzderivaten, 3. A., München, 2002.

Bestmann, U.: Finanz- und Börsenlexikon, 3. A., München, 1997.

Däumler, K.: Grundlagen der Investitions- und Wirtschaftlichkeitsrechnung, 11. A., Herne/Berlin, 2003.

Jahrmann, F.: Finanzierung, 5. A., Berlin, 2003.

Kehlmann, D.: Die Vermessung der Welt, Hamburg, 2005.

Kobelt, H., Schulte, P.: Finanzmathematik, 7. A., Herne/Berlin, 1999.

Köhler, H.: Finanzmathematik, 3. A., München/Wien, 1992.

Hull, J.: Optionen, Futures und andere Derivate, München, 2006.

Kreditwesengesetz (KWG), Fassung vom 9.9.1998.

Martin, T.: Finanzmathematik, München/Wien, 2003.

Olfert, K.: Investition, 3.A., Ludwigshafen, 2003.

Olfert, K., Reichel, C.: Finanzierung, 5.A., Ludwigshafen, 2005.

Renger, K.: Finanzmathematik mit Excel, Wiesbaden, 2003.

Tietze, J.: Einführung in die Finanzmathematik, 6. A., Wiesbaden, 2003.

Wahl, D. [Hrsg.]: Erwachsenenbildung konkret: mehrphasiges Dozententraining; eine neue Form erwachsenendidaktischer Ausbildung von Referenten und Dozenten, 4. A., Weinheim, 1995.

Abkürzungen

Notationen und Abkürzungen

A_j Annuität der j-ten Periode/ Auszahlungen in der j-ten Periode (Investitionsrechnung)

bp Basispunkt, 1 bp = 0,01%

C Kurs

d Diskontierungsfaktor, d=1/q

E_j Einzahlungen in der j-ten Periode

i Zinssatz (bei konstanten Zinssätzen)

i_j Zinssatz der j-ten Periode

i_m Zinssatz bei m Zinsperioden pro Jahr

i_{eff} Effektivzinssatz

i_{inn} Innerer Zinssatz (Investitionsrechnung)

i' Realzinssatz

K_j Kapitalwert zum Zeitpunkt j

K_0 Barwert (allgemein)/ Nettobarwert (Investitionsrechnung)/ Nennwert (Kurs- und Rendite-rechnung)

K_0' Barwert der zukünftigen Periodenüberschüsse (Investitionsrechnung), Realbarwert (Kurs- und Renditerechnung)

m Anzahl der Zinsperioden pro Jahr

N Menge der natürlichen Zahlen

n Laufzeit, Anzahl der Jahre/Zinsperioden

P_j Periodenüberschüsse der j-ten Periode

p.a. Per annum (pro Jahr)

p.Q. Pro Quartal

p.M. Pro Monat

q Aufzinsungsfaktor (bei konstanten Zinssätzen), q =1+i

q_j Aufzinsungsfaktor für die j-te Periode

$q_{(n)}$ Aufzinsungsfaktor für die Gesamtheit von n Perioden

R Menge der reellen Zahlen

t Index für die Zeit

T_j Tilgung der j-ten Periode

Z_j Zinsen der j-ten Periode

Stichwortverzeichnis